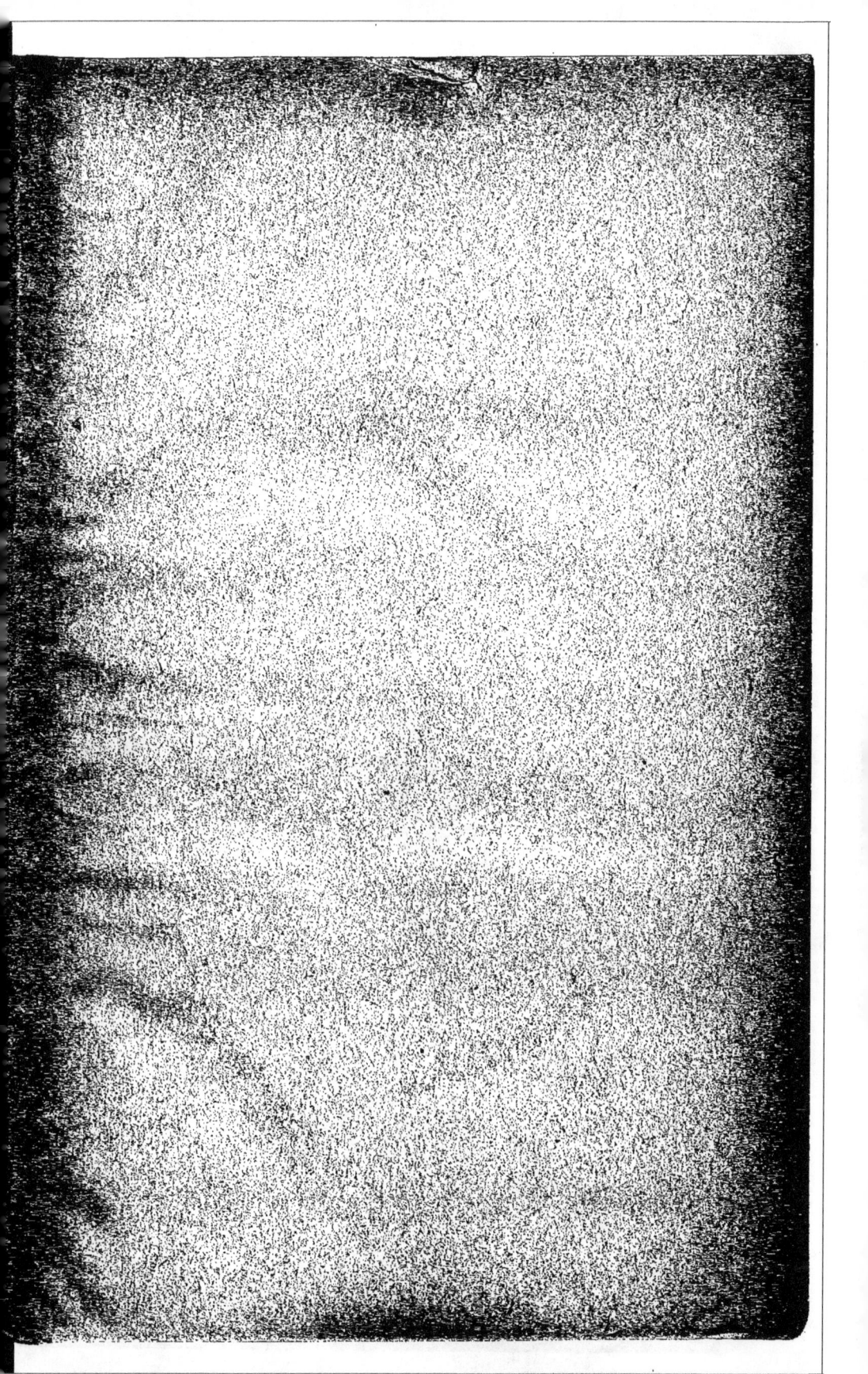

LES

ENNEMIS DE LA VIGNE

EN BOURGOGNE

PAR

G. BARBUT
PROFESSEUR DE VITICULTURE
À L'ÉCOLE D'AGRICULTURE DE L'YONNE

C. MICHAUT
PRÉPARATEUR DE LA STATION
AGRONOMIQUE DE L'YONNE

NOMBREUSES GRAVURES DANS LE TEXTE ET HORS TEXTE

PRIX : 1 Franc

AUXERRE

IMPRIMERIE ET LIBRAIRIE ALBERT GALLOT, RUE DE PARIS, 47

1886

LES

ENNEMIS DE LA VIGNE

EN BOURGOGNE

PAR

G. BARBUT

PROFESSEUR DE VITICULTURE
A L'ÉCOLE D'AGRICULTURE DE L'YONNE

C. MICHAUT

PRÉPARATEUR DE LA STATION
AGRONOMIQUE DE L'YONNE

NOMBREUSES GRAVURES DANS LE TEXTE ET HORS TEXTE

PRIX : 1 Franc.

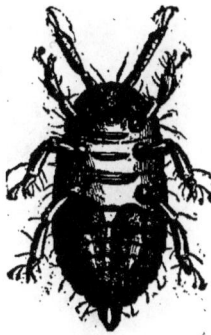

AUXERRE

IMPRIMERIE ET LIBRAIRIE ALBERT GALLOT, RUE DE PARIS, 47.

1886

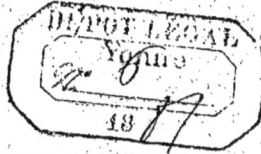

A M. P. JOIGNEAUX

Au Vulgarisateur de la Science agricole

Auxerre 12 Octobre 1886.

Bois de Colombes (Seine), le 14 Octobre 1886.

A MM. Barbut et Michaut.

———

Vous me faites l'honneur de me dédier votre utile travail sur *les Ennemis de la Vigne,* je vous en suis très reconnaissant ; mais êtes-vous bien sûrs de ne pas mettre une cinquième roue à votre chariot ? La meilleure recommandation en faveur d'un livre est son propre mérite ; mon nom n'ajoutera rien à votre entreprise, si ce n'est un témoignage de sympathie et d'encouragement à l'adresse de deux hommes de science qui s'intéressent à l'industrie viticole de leur pays.

Vous êtes de la Basse-Bourgogne, Messieurs, et je suis de la Haute-Bourgogne. Je serais un mauvais voisin si je me désintéressais des fléaux qui vous frappent. Vous formez en quelque sorte la chaîne de secours comme si le feu était dans votre maison ; vous m'offrez une place parmi vous et je l'accepte. C'est un simple anneau de plus à votre chaîne, pas davantage ; mais dans le travail de sauvetage auquel vous m'associez, j'aurai, à défaut de mieux, la satisfaction de sentir des mains amies à ma droite et à ma gauche.

Je vous souhaite tout le succès que méritent vos efforts; toutefois, je n'ose ajouter que je l'espère, attendu que je suis un peu pessimiste, et qu'à mes yeux, la cause première des maux qui nous accablent doit être celle que nous soupçonnons le moins. Vous êtes jeunes et vous avez la foi ardente de la jeunesse; je veux croire que la raison est toujours du côté de ceux qui espèrent beaucoup, et que les torts sont du côté de ceux qui n'espèrent plus assez. C'est pourquoi je fais litière de mes doutes et vous engage à tenir ferme. Les ennemis de la vigne ne manquent pas autour de vous, et si vous arrivez à en diminuer le nombre, vous me rendrez heureux.

P. JOIGNEAUX.

PRÉFACE

C'est à la suite de la campagne phylloxérique qui vient de s'achever que nous avons songé à écrire cet opuscule.

Cette campagne noús a, en effet, permis d'observer que si, dans l'Yonne, les soins culturaux sont généralement bien donnés, en revanche, rien n'est fait pour combattre les nombreuses maladies qui attaquent la vigne.

Nous aurons atteint notre but si nous parvenons à faire connaître aux vignerons les moyens de combattre ces fléaux.

Qu'il nous soit permis d'adresser ici nos sincères remerciements à MM. Viala, professeur à l'Ecole nationale d'agriculture de Montpellier, et Vermorel, constructeur à Villefranche-sur-Saône, à l'obligeance desquels nous devons une partie des nombreux dessins contenus dans le texte.

G. B. — C. M.

Auxerre, 12 Octobre 1886.

INSECTES

PHYLLOXERA

Historique de la question. — La France est le berceau de l'invasion phylloxérique en Europe. C'est en 1863 que, pour la première fois, à Pujaut, près de Roquemaure (Gard), furent constatées les premières atteintes du mal. Mais ce n'est guère qu'en 1868, lorsque le phylloxera eut étendu ses ravages et envahi les départements des Bouches-du-Rhône et de Vaucluse, que les vignerons jetèrent le cri d'alarme.

En juillet de la même année, une délégation de la Société d'agriculture de l'Hérault trouvait le terrible insecte à Saint-Rémy (Bouches-du-Rhône).

Une tache apparaissait en 1867 dans la Gironde, près de Bordeaux, et, depuis cette époque, ces deux taches, marchant l'une vers l'autre, ont fini par se rencontrer et par détruire tout le vignoble méridional.

Le mal ne s'est pas borné au Midi. Suivant une marche rapide, il a envahi presque tous les départements viticoles de France, et l'Yonne, un des rares départements jusqu'ici épargnés, a été à son tour atteint par le phylloxera.

Avant l'invasion phylloxérique la France possédait 2,503,000 hectares de vignes; sur ce nombre, un million d'hectares ont été détruits. Les viticulteurs ne se sont pas laissé abattre par un tel fléau et, redoublant d'intelligence et d'activité, ils sont parvenus à reconstituer une grande partie des vignobles détruits.

Aujourd'hui, le vignoble français compte 2 millions d'hectares, de telle sorte que le déficit n'est que de 500,000 hectares. Mais la perte n'en est pas moins énorme.

A l'heure actuelle (1886), les limites septentrionales du phylloxera en France sont (de l'Ouest à l'Est) : Loire-Inférieure, Maine-et-Loire, Indre-et-Loire, Loir-et-Cher, Loiret, Seine-et-Marne, Yonne, Côte-d'Or et Doubs.

Seuls les départements de l'Allier et de la Creuse, situés au-dessous de la ligne que nous venons d'indiquer, sont indemnes ; tous les autres ont leur vignoble atteint par le terrible puceron.

Le phylloxera ne s'en est pas tenu à la France ; il a envahi successivement presque tous les pays d'Europe : le Portugal, l'Espagne, l'Italie, la Turquie, l'Autriche-Hongrie et la Suisse.

En Afrique, le mal a été constaté en 1885 dans les vignobles algériens à Tlemcen et à Sidi-bel-Abbès, dans la province d'Oran, et, cette année même, aux environs de Philippeville et dans le vignoble du Cap de Bonne-Espérance.

Le Phylloxera dans l'Yonne. — C'est à Pont-sur-Yonne qu'on a constaté, au mois de juin dernier, la présence du phylloxera ; l'éveil une fois donné, il a été facile de trouver un grand nombre d'autres points contaminés.

D'abord autour de Pont, à Michery et Villemanoche, on a pu voir des taches déjà anciennes, qui avaient pris une extension assez considérable et que les vignerons, dans leur ignorance, attribuaient au passage de la foudre dans leurs vignes.

Puis, la commission des recherches, étendant ses investigations, a constaté de nouveaux foyers à Nailly, et, de l'autre côté de l'Yonne, à Véron et à Collemiers.

Jusque là le mal semblait localisé dans l'arrondissement de Sens, la région la moins viticole du département, et on pouvait espérer, en luttant énergiquement, préserver pendant quelques années encore les riches vignobles de Joigny, d'Auxerre et de Tonnerre.

Malheureusement vers la fin de Juillet, alors que toutes les taches connues avaient déjà reçu un premier traitement, une tache était signalée dans le riche et beau vignoble de Chablis et peu de jours après, on constatait la présence de l'insecte à Migé.

A partir de ce moment, le doute n'était plus permis; le phylloxera était disséminé sur tous les points de l'Yonne et notre vignoble sérieusement menacé d'une destruction prochaine.

Cette invasion était d'ailleurs à prévoir; le département, entouré de toutes parts par le terrible puceron, ne pouvait plus longtemps rester à l'abri de son atteinte.

Par où et comment avons-nous été envahis? Il est impossible, dans l'état actuel des choses, de se prononcer d'une façon formelle; tout ce que l'on peut dire ne repose que sur des hypothèses — vraisemblables nous le voulons bien — mais qu'une enquête sérieuse peut réduire à néant. Nous nous abstiendrons donc de nous prononcer.

Un fait certain, indéniable existe : c'est que notre vignoble est contaminé; que l'invasion remonte déjà à un certain nombre d'années — 5 ou 6 au moins — et que des points, encore inconnus, sont atteints. C'est pourquoi nous avons cru devoir écrire cet ouvrage afin de permettre aux vignerons de reconnaître l'insecte, d'opérer eux-mêmes les recherches et de leur faciliter la lutte contre leur microscopique et terrible ennemi.

Cause et origine du mal. — Nous avons souvent entendu dire que le phylloxera ne pouvait être la cause du mal et qu'il n'en était que la conséquence, l'effet. Est-il besoin de combattre cette opinion erronée, aujourd'hui abandonnée de tous ceux qui connaissent un peu la question ?

Il nous suffira de rappeler quelques faits pour montrer combien elle est fausse ; cependant elle a encore cours chez un grand nombre de nos vignerons.

Il est bien constaté, à l'heure actuelle, que le phylloxera se développe tout aussi bien sur de jeunes vignes que sur celles déjà épuisées ; que dans les sols très riches la vigne ne résiste pas aux atteintes du mal, et que les taches n'apparaissent que là où est l'insecte. Et il est si vrai que le phylloxera tue les souches et qu'il ne les envahit pas alors seulement que leur vigueur diminue, que c'est sur les ceps les plus sains et les plus robustes que l'on trouve l'insecte en plus grande abondance.

Il est de même certain que le phylloxera est originaire d'Amérique et qu'il ne s'est developpé en Europe que par suite d'importations de boutures exotiques. Sa présence dans le Nouveau-Monde, où il avait été décrit depuis longtemps, explique d'ailleurs les échecs répétés qu'avait subis l'introduction des vignes européennes dans ce pays.

De plus, en France, des vignes américaines ont toujours été trouvées à proximité des points contaminés.

Après ces considérations, il nous reste à étudier la vie de l'insecte et ses diverses formes.

Description de l'insecte. — Le *Phylloxera vastatrix* est un petit insecte, ressemblant à un pou en miniature, qui, suivant les époques de l'année où on le considère, se présente à nous sous des aspects divers. Nous commencerons l'étude de ces différentes formes par celle que l'on trouve sur les racines et qu'il est le plus facile d'observer.

Radicicoles. — Ce phylloxera des racines est dépourvu d'ailes, muni de 6 pattes, d'une couleur jaune un peu verdâtre et a le corps divisé en segments dont les premiers portent 6 et les autres 4 rangées de petits tubercules d'une couleur plus foncée que le reste du corps.

Il ne mesure guère que 3/4 de millimètre à un millimètre de longueur sur 1/2 millimètre de large. C'est dire qu'il n'est pas très facile à voir à l'œil nu sur une souche ; cependant, l'habitude aidant, on peut constater sa présence sans le secours d'une loupe.

D'ailleurs, les phylloxeras sont le plus souvent réunis en grand nombre sur un même point et forment ainsi une poussière jaunâtre qu'il est aisé de distinguer.

Le corps de cet insecte est plus large en avant qu'en arrière ; sa tête porte deux fortes antennes qui sont les organes de l'odorat et de l'ouïe, et deux yeux bruns qui lui servent à se conduire lorsque, par extraordinaire, l'insecte monte sur le sol. Sous la tête et recourbée sous l'insecte est une sorte de trompe au moyen de laquelle l'animal prend sa nourriture.

Tels sont les caractères de l'insecte femelle, le seul que l'on trouve sur les racines.

C'est après s'être fixée sur un point de la racine que la femelle commence sa ponte ; ses œufs sont d'un beau jaune soufre et donnent naissance au bout de huit jours à une larve jaune verdâtre, ressemblant, sauf par la taille et l'absence des tubercules, aux mères pondeuses.

Pendant 3 ou 4 jours, cette larve parcourt la racine avec une agilité remarquable, ainsi d'ailleurs qu'ont pu le constater les nombreux vignerons qui ont suivi les recherches faites cette année dans le département.

Lorsqu'elle a trouvé une place à sa convenance, la larve enfonce son bec dans la racine et reste stationnaire ; elle subit alors des mues successives au nombre de 3 (fig. 1, 2, 3, 4) à des intervalles de 3 à 5 jours, et, au bout de 20 jours, la femelle qui en provient est en état de pondre.

Cette ponte a lieu sans le concours du mâle, qui, ainsi que nous le verrons plus loin, n'intervient qu'une fois dans les transformations successives que subit le phylloxera.

Chaque mère pondeuse donne environ 30 œufs et, si l'on considère que la ponte peut commencer vers le 15 mai et que les générations se succèdent jusqu'en septembre ou octobre, on trouve qu'un seul insecte printanier a donné naissance, au bout de ces quelques mois, à 15 ou 20 millions d'individus. C'est, on le voit, une multiplication extraordinaire qui explique comment un si petit insecte peut commettre des ravages aussi considérables.

1
2

Phylloxera aptère.
Fig. 1. Après la première mue. — Fig. 2. Après la deuxième mue.

Ce phylloxera, que l'on a appelé *Aptère*, c'est-à-dire dépourvu d'ailes, se propage le plus souvent par les nombreuses fissures qui existent dans le sol et se transporte aisément d'une racine à l'autre. Cependant il lui arrive quelquefois, par des journées chaudes, de monter à la surface du sol et de cheminer d'un cep à l'autre.

3
4

Phylloxera aptère après la troisième mue.
Fig. 3. Vu en dessus. — Fig. 4. Vu en dessous.

Quand viennent les froids, les mères pondeuses et les œufs meurent; seules les larves persistent et restent fixées aux racines pour passer l'hiver. Elles prennent alors une teinte brune, sont ridées et aplaties et demeurent dans un état d'engourdissement complet, sans prendre aucune nourriture, jusqu'au printemps suivant.

A peu près à l'époque où la vigne est *en pleurs*, ces hibernants reprennent leur vie active, et la série de générations que nous venons de décrire recommence.

Ailés. — Toutes les femelles radicicoles ne demeurent pas indéfiniment sur les racines ; il en est qui, au moment des chaleurs — en juillet et en août, — subissent une nouvelle mue et donnent naissance aux *nymphes* (fig. 5), sur lesquelles on aperçoit de petits fourreaux noirs qui sont des rudiments d'ailes.

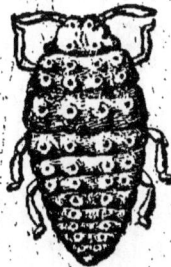

Fig. 5. Nymphe.

Ces nymphes montent peu à peu près de la surface du sol, sortent même quelquefois au dehors et, après une seconde mue, se transforment en femelles ailées, longues d'un millimètre environ, pourvues de 4 ailes grises et transparentes dont les deux supérieures sont plus longues et plus larges que les inférieures et qui, toutes, sont plus longues que le corps.

Ces ailés (fig. 6), dont le corps est d'un beau jaune, avec un corselet noirâtre, sont pourvus de deux yeux à facettes nombreuses qui leur permettent de distinguer les vignobles sur lesquels ils vont s'abattre.

C'est là le principal agent de propagation du mal. Livré à

lui-même, l'ailé ne peut parcourir que quelques kilomètres, mais il franchit aisément des espaces de 10 à 15 kilomètres et même davantage, selon la violence du vent.

Il peut en outre être aidé dans sa dissémination par les voitures des routes et les chemins de fer, qui le transportent à de bien plus grandes distances que le vent.

Ce sont ces migrations d'insectes que l'on nomme *essaimages*.

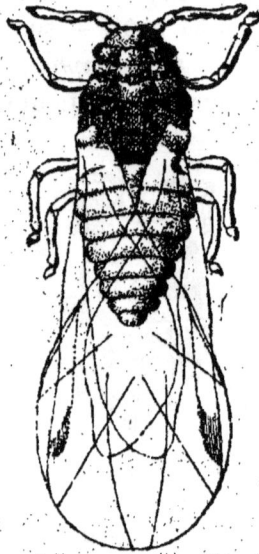

Fig. 6. Phylloxera ailé.

Arrivés au bout de leur course, ces essaims, qui se produisent dans l'Yonne à la fin d'août ou au commencement de septembre, s'abattent sur les vignes et se mettent en devoir de sucer les jeunes feuilles et les bourgeons.

Ces femelles pondent ensuite à la face inférieure des feuilles, sur les bourgeons ou sous l'écorce des ceps, quelquefois même à la surface du sol si le temps est humide et froid, un petit nombre d'œufs de dimensions différentes : les uns gros, ce sont les femelles ; les autres petits, ce sont les mâles.

Sexués. — De ces œufs sortent des mâles et des femelles ; c'est la seule phase dans laquelle le mâle intervient. Aussi nomme-t-on ces insectes *sexués* (fig. 7 et 8).

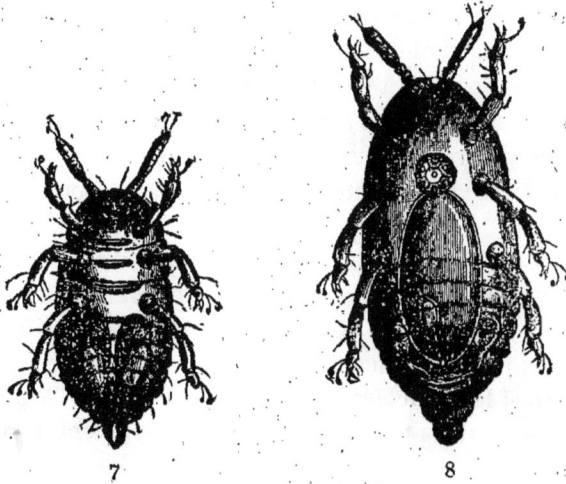

7   8

Phylloxera sexué.

Fig. 7. Mâle. — Fig. 8. Femelle avec l'œuf unique à l'intérieur.

Ces mâles et ces femelles sont aptères ; leur fonction principale étant la reproduction, ils sont dépourvus de tubes digestifs, et leur vie est très limitée. Ils s'accouplent presque dès leur naissance et la femelle produit un seul œuf, auquel on a donné le nom d'*œuf d'hiver*.

Œuf d'hiver. — Cet œuf est toujours pondu à l'air et sur le cep, principalement sous les écorces du bois de deux ans, au-dessous des sarments de l'année ou sous les exfoliations de l'écorce.

Il est de couleur verdâtre avec de petites taches noires et est fixé à l'écorce par un petit crochet ; il passe ainsi tout l'hiver et n'éclôt qu'au printemps, en avril. Il donne naissance à ce moment à des femelles sans ailes, dont une partie descend sur les racines pour recommencer le cycle que nous venons d'exposer et dont l'autre, montant sur les feuilles, constitue le Phylloxera *Gallicole*.

Gallicoles. — Les femelles qui montent sur les feuilles en piquent le parenchyme, y forment des galles dans lesquelles elles se fixent et où elles pondent leurs œufs en grand nombre. Ces œufs donnent à leur tour naissance à de nouvelles femelles qui vont former d'autres galles, et il se produit ainsi une série de générations jusqu'à ce que les grandes chaleurs viennent détruire ces insectes ou les forcer à descendre sur les racines.

Cette forme du phylloxera est la moins redoutable ; les perturbations qu'elle cause dans le fonctionnement des feuilles sont insignifiantes et on n'a pas d'exemple de la mort de ceps tués par les gallicoles.

D'ailleurs si les gallicoles font leur apparition dans l'Yonne, ce dont nous doutons fort, ils ne s'y développeront jamais abondamment.

Lésions causées par l'insecte. — Après avoir étudié les diverses formes sous laquelle il nous est possible de rencontrer le phylloxera, voyons quelles sont les lésions qu'il produit sur les vignes et quels sont les caractères qui permettront de reconnaître sa présence dans un vignoble.

Pendant la première année, dans une vigne nouvellement atteinte, rien dans la végétation extérieure ne révèle cette présence ; toutefois, en fouillant avec soin au pied des ceps, on peut rencontrer à une assez faible profondeur des radicelles (chevelu) d'un aspect anormal.

Au lieu d'être cylindriques et grêles sur toute leur longueur, ces jeunes racines présentent des renflements jaunes blanchâtres qui prennent, en vieillissant, une teinte plus foncée et auxquelles on a donné le nom de *nodosités* (fig. 9 et 11).

Il est facile, en examinant de près ces racines, de voir sur leur surface — et principalement dans les dépressions des nodosités — des phylloxeras suçant la sève (fig. 10 et 12).

Les radicelles ainsi atteintes se décomposent, tombent en poussière et l'insecte passe ensuite aux petites racines pour atteindre plus tard les grosses, lorsque les petites, à leur tour, auront été détruites.

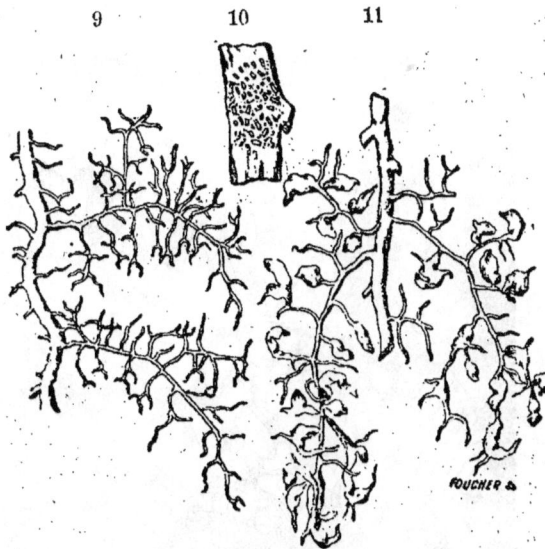

Radicelles ou chevelus des racines.

Fig. 9. Partie saine.—Fig. 10. Phylloxeras sur le vieux bois, grandeur naturelle. — Fig. 11. Partie phylloxérée, avec renflements.

Au fur et à mesure que le mal se développe sur les racines il se dessine extérieurement. A la deuxième année, on constate déjà par places un ralentissement de la végétation et, quand le mal date de trois ou quatre ans, les symptômes de la maladie sont plus nets encore : les rameaux sont rabougris et parviennent difficilement à maturité ; les feuilles prennent vers la fin de la saison un aspect jaunâtre et tombent plus tôt, à l'automne, que celles des ceps bien portants ; les raisins sont arrêtés dans leur croissance, ne mûrissent pas ou mûrissent incomplètement, et la fertilité des ceps diminue.

Si, à ce moment, on fouille au pied des ceps, on reconnaît que le chevelu a complètement disparu; les racines sont très rares et il ne reste plus que les grosses dont la surface est bosselée et rugueuse. Arrive alors un moment où le cep, privé de toutes ses racines, ne peut plus rien absorber et meurt.

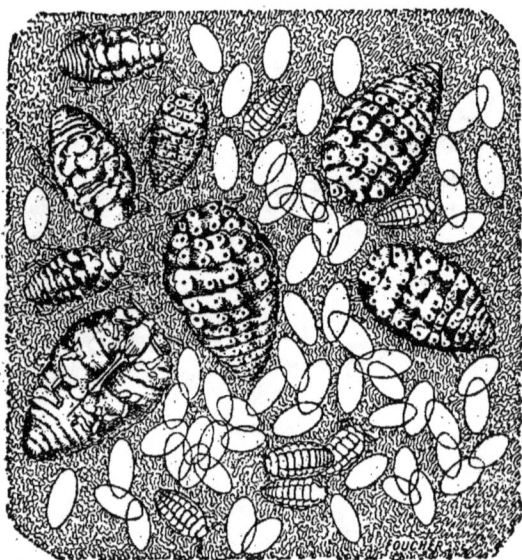

Fig. 12. Groupe de phylloxeras sur une grosse racine (l'ensemble est grossi environ 100 fois).

Les atteintes du phylloxera ne se manifestent pas sur toute une vigne à la fois ; l'invasion commence d'abord par un ou plusieurs points qu'on appelle *taches*.

Ces taches, de dimensions variables, plus ou moins circulaires, offrent un aspect tout particulier. Au centre se trouvent des ceps morts ou dans un état de complet dépérissement; autour s'étend une ceinture d'autres ceps rabougris qui, eux-mêmes, sont entourés par des ceps moins malades, et la végétation suit ainsi une gamme croissante jusqu'au point où la vigne présente son aspect normal.

En un mot, la végétation extérieure forme une *cuvette* dont le point le plus bas correspond aux ceps morts. Cette cuvette s'accroît tous les ans par ses bords, ce qui a fait comparer le développement du phylloxera à celui d'une *tache d'huile*.

Inspection d'un vignoble. — Cet aspect extérieur ne peut suffire pour affirmer que la vigne est atteinte par le phylloxera ; d'autres causes peuvent provoquer l'apparition de taches analogues, comme, par exemple, la larve du gribouri et le pourridié, dont il sera parlé plus loin, ou bien encore, par les années pluvieuses, un excès d'humidité du sous-sol et, dans les vignes mal tenues, l'envahissement du chiendent et du liseron.

Il faut donc, pour s'assurer que le dépérissement de la vigne est bien dû à ce terrible insecte, *visiter les racines*.

Les souches qui, par leur végétation extérieure, présentent un aspect anormal doivent être déchaussées, de manière à mettre à nu le chevelu. Après avoir détaché quelques-unes de ces jeunes racines, le vigneron constate si elles présentent les nodosités que nous avons décrites plus haut et, à défaut de nodosités, il recherche à l'œil nu, mais de préférence à la loupe, les jeunes phylloxeras.

Il faut toujours, pour faciliter l'inspection, se tourner du côté de la lumière de manière à faire tomber les rayons du soleil sur la racine à examiner.

Les constatations étant terminées, les brins de racines doivent être rejetés dans le trou qui a été creusé et qui est comblé aussitôt après, afin d'éviter la propagation du mal.

Il est peut-être utile de recommander de faire les recherches, non pas au centre de la tache, où toutes les jeunes racines ont déjà disparu, mais au contraire, sur les ceps qui bordent cette tache et qui, bien que présentant une végétation luxuriante, sont le plus souvent couverts de phylloxeras.

Recommandons enfin aux personnes qui font l'inspection d'un vignoble de prendre certaines précautions élémentaires qui empêchent la propagation du mal par le fait de l'homme, comme par exemple, de nettoyer leurs chaussures avant leur sortie des vignes malades, de ne se servir des instruments employés à faire les recherches qu'après avoir enlevé la terre qui peut y adhérer et les avoir flambés.

En présence d'un aussi terrible ennemi on ne saurait agir avec trop de prudence !

DÉFENSE DU VIGNOBLE

La constatation du phylloxera ayant été faite, il est évident que si l'on abandonnait les vignes à elles-mêmes, la propagation de l'insecte serait très rapide.

Dès le début de l'invasion phylloxérique, les chercheurs de procédés n'ont pas manqué, on en a fourni des milliers, et, malgré tout, trois seulement, aujourd'hui, sont approuvés par la commission supérieure du phylloxera.

Ces trois moyens sont :

Le sulfure de carbone ;

Le sulfocarbonate de potassium ;

La submersion.

Nous pouvons ajouter la reconstitution du vignoble par la vigne américaine.

LE SULFURE DE CARBONE

L'emploi du sulfure de carbone contre le phylloxera a été préconisé par le baron Thénard. A la suite d'expériences assez concluantes faites dans le Midi, la Compagnie P.-L.-M. se chargea de la fabrication de cet insecticide et le fit transporter sur tous les points de la France à des conditions spéciales.

L'emploi se généralisa de plus en plus ; les insuccès constatés au début devinrent moins nombreux, et il fut bientôt possible d'établir d'une façon certaine les conditions dans lesquelles on pouvait opérer avec chance de succès. Certainement, comme nous le verrons par la suite, le sulfure de carbone ne donne pas partout d'excellents résultats ; quelquefois même son action est nulle. Mais il n'en reste pas moins acquis qu'aujourd'hui encore, c'est, après la submersion, le mode de traitement le plus efficace et celui qui est susceptible d'être employé dans le plus grand nombre de cas.

Le Sulfure.— C'est un liquide qui exhale une odeur caractéristique d'œufs pourris. Il est incolore, plus lourd que l'eau. Un litre, à la température ordinaire, pèse environ $1^{kg}279$. Il entre en ébullition à une très faible température (46° environ), s'évapore très rapidement lorsqu'on le dépose sur la main et, comme tous les liquides qui jouissent de cette propriété, produit à ce moment une grande sensation de froid.

Le sulfure de carbone émet des vapeurs qui, mélangées à l'air, détonnent en présence d'une étincelle. C'est donc un liquide assez dangereux à manier et son usage demande certaines précautions.

Il s'obtient en combinant du soufre et du charbon. Cette opération, qui pourrait paraître très simple, demande au contraire dans l'industrie de grandes précautions et nécessite des appareils très compliqués.

Il est inutile de nous arrêter plus longtemps sur ce sujet ; disons cependant que c'est à M. Deiss, de Lyon, que l'on doit un procédé de fabrication des plus économiques.

On a constaté, il y a quelques années, que le sulfure de carbone est l'objet d'une fraude considérable. On ajoute de l'eau, ou bien le sulfure contient trop de soufre.

Pour vérifier la première de ces fraudes, rien n'est plus simple. Le sulfure de carbone ne se mélange pas à l'eau et, comme il est plus lourd, il est toujours facile de s'apercevoir dans une bonbonne de verre, si les deux liquides sont superposés. Mais, ordinairement, le sulfure de carbone est livré dans des barils en fer, de sorte que cette constatation est impossible (fig. 13).

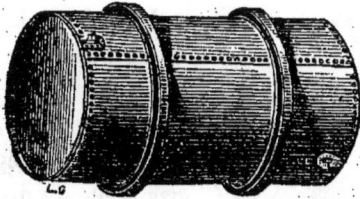

Fig. 13. — Fût à sulfure.

Il faut donc opérer autrement. Le sulfure jouit de la propriété de dissoudre les corps gras. De sorte que, si on plonge un bâton enduit de suif dans un fût contenant le liquide suspect, toute la matière doit être dissoute. Sinon il y a eu une addition d'eau proportionnée à la hauteur de matière grasse qui reste sur le bâton.

La seconde impureté du sulfure consiste dans une trop grande proportion de soufre, qui augmente sa densité. On peut se servir pour cette constatation, d'un aréomètre de Beaumé.

M. Vermorel indique un procédé plus exact qui consiste à faire tomber sur une plaque de verre une goutte de sulfure et à comparer le dépôt qui reste à celui laissé par du sulfure pur.

Le sulfure de carbone est livré aux cultivateurs (1) dans des barils en fer de diverses contenances.

(1) Nous croyons devoir prévenir les vignerons qui désireraient se procurer du sulfure de carbone que les deux principaux fournisseurs sont la Compagnie P.-L.-M. (S'adresser au délégué spécial, gare de Marseille), et la fabrique Deiss et Cie, à la Mouche (Lyon). — Cette dernière maison a établi un dépôt plus rapproché de nous, chez M. Vermorel, à Villefranche-sur-Saône (Rhône).

Distribution du sulfure. — La distribution du sulfure se fait dans le sol au moyen de deux instruments : le pal injecteur et la charrue sulfureuse, ou injecteur à traction.

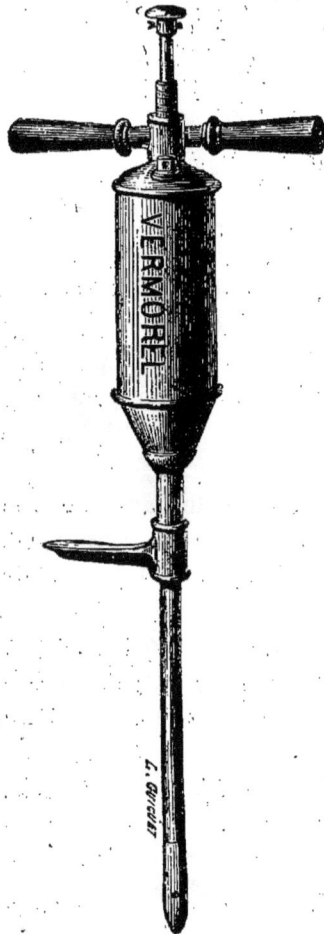

.Fig. 14. — Pal Select.

Le Pal. — Le pal a été inventé par M. Gastine, délégué régional. L'appareil primitif laissait un peu à désirer sous le rapport du réglage ; il n'était pas facile de distribuer le sulfure d'une façon uniforme.

Ces instruments se sont perfectionnés de jour en jour, et celui dont nous avons eu occasion de nous servir pendant notre dernière campagne phylloxérique, est, à notre avis, celui qui laisse le moins à désirer. C'est le pal *Select*, de M. Vermorel (fig. 14).

Aussi bien, nous n'en décrirons pas d'autres en détail.

Le pal est une sorte de grande pompe composée de plusieurs parties. Comme l'indique la figure, c'est un réservoir contenant le sulfure, dans lequel se meut un piston à ressort qui chasse le liquide à la partie inférieure de l'appareil (fig. 15).

Ce liquide est maintenu par un obturateur qui ne le laisse échapper qu'à chaque coup de piston. Cet obturateur, muni

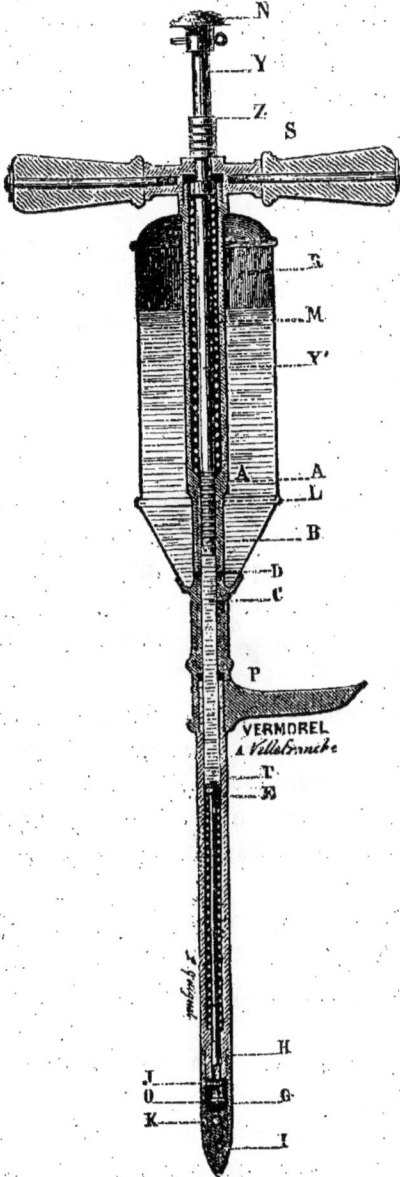

Fig. 15. — Pal injecteur Select.

Légende.

A. Colonne centrale.
B. Cuvette en cuir embouti maintenue par une vis à l'extrémité inférieure de la tige du piston.
C. Chambre de dosage ou corps de pompe dans lequel se meut le piston.
D. Trous faisant communiquer la chambre de dosage avec le réservoir.
E. Ecrous pour régler la tension du ressort de l'obturateur.
G. Bouton de l'obturateur.
H. Joint de la pointe en acier et du tube.
I. Pointe ou cône en acier se vissant à l'extrémité du tube.
J. Petite rondelle en cuir encastrée dans le bouton de l'obturateur.
K. Trou servant à engager le poinçon pour dévisser la pointe du pal.
L. Rainures du piston faisant joint hydraulique.
M. Ressort relevant la tige du piston après chaque injection.
N. Bouton de poussée, fixé par une goupille qu'on arrache pour introduire, sur la tige, les bagues de dosage.
O. Orifice de projection du liquide.
P. Pédale servant à enfoncer le pal.
R. Réservoir contenant le sulfure de carbone.
S. Manettes ou poignées du pal se dévissant pour démonter la tige du piston.
T. Tube en fer s'enfonçant dans le sol.
YY' Tige de piston.
Z. Bagues ou rondelles de de dosage en cuivre.

d'une rondelle de cuir, empêche le pal de *couler* sans pression,

Les figures ci-jointes nous dispensent du reste de toute description de l'appareil.

Pour démonter le pal Select, voici les indications que donne M. Vermorel, son inventeur :

« Dans le pal Select, le piston se démonte en dévissant les « manettes pendant qu'on tient la pédale en respect. Si la « rondelle du piston est usée, on la remplace en dévissant la « vis B (fig. 16, page 29) qui la tient, au moyen d'un petit « poinçon.

« Il faut avoir soin de bien serrer cette vis après avoir « placé la rondelle neuve.

« Pour changer la rondelle de l'obturateur, après avoir « dévissé la pointe au moyen d'un poinçon, on tire le bouton « obturateur J (fig. 20, page 29) jusqu'à ce que le trou H « (fig. 18, page 29) soit découvert. On enfile dans ce trou une « épinglette P (fig. 20) qui empêche la tige du clapet de « s'échapper à l'intérieur.

« On peut alors dévisser l'obturateur pour changer ou en « nettoyer le cuir I *en ayant soin de n'enlever l'épinglette* « *qu'après avoir remis en place ledit obturateur ;* sans cela, « la tige s'échapperait à l'intérieur et on serait obligé de la « repousser, par en haut, avec une baguette, pour pouvoir « visser l'obturateur.

« Pour démonter la tige du clapet et le ressort, qui sont « placés dans l'intérieur du tube en fer, on dévisse l'obtu- « rateur et on les fait sortir par le haut de la colonne, en « renversant le pal.

« Pour remettre ces pièces en place, on les introduit par « le haut de la colonne et on repousse avec une baguette en « bois ou en fer, la tige de clapet, de façon à lui faire dépas- « ser la partie inférieure du tube et pouvoir visser l'obtu- « rateur.

Z. GUROUET.
Fig. 16.

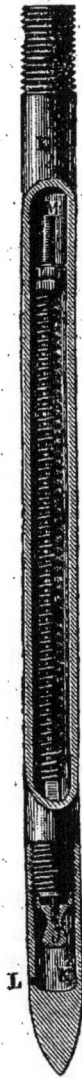

Fig. 17.—Ron-
delle embou-
tie du piston.

Fig. 18.   Fig. 19.   Fig. 20.

Fig. 16. — Tige de piston et chambre de dosage du pal Select. —
Fig. 18. — Obturateur à ressort démontable et à compensation.
— Fig. 19. — Tube ouvert pour montrer l'ensemble du clapet. —
Fig. 20. — Epinglette, placée dans la tige de l'obturateur, pour
changer le cuir.

« Si après plusieurs années de service le ressort de clapet
« s'était affaibli, on lui rendrait toute sa force en serrant les
« écrous D et E (fig. 20, page 29). »

Le réglage des pals se fait très simplement. On conçoit
facilement que plus la course du piston est longue, plus la
quantité de liquide projeté est considérable. A l'état normal,
le pal projette 10 grammes de sulfure. Si on glisse dans le
piston des rondelles ou bagues d'épaisseur connue, on diminue cette quantité. Chaque rondelle diminue le dosage d'un
gramme. Dans la figure 15, le bouton de poussée appuie en Z
sur cinq bagues de dosage : l'appareil est donc réglé à cinq
grammes.

Avec une rondelle le pal injecte 9 grammes.

—	2	—	8	—
—	3	—	7	—
—	4	—	6	—
—	5	—	5	—

Les pals sont des instruments assez délicats qui nécessitent
pour leur bon fonctionnement un entretien constant.

Comme le sulfure dissout les huiles, on les graisse généralement avec un mélange de glycérine et de savon noir. Après
chaque opération, on a soin de les laver à l'eau chaude.

Injecteurs. — La dépense de main-d'œuvre occasionnée
par les ouvriers qui manient les pals étant assez grande, on
a songé à remplacer ces instruments par des charrues sulfu-
reuses (fig. 21). Il y en a de différents modèles.

Au concours du Comice agricole d'Auxerre, à Vermenton,
nous en avons eu une sous les yeux, qui fonctionnait assez
bien.

Cependant la traction est trop considérable pour que dans
nos coteaux, ces instruments puissent donner de bons
résultats.

Le principal reproche que l'on puisse adresser aux injecteurs à traction consiste dans une distribution trop superficielle du sulfure. D'autre part, le rouleau qui suit le coutre n'est pas assez lourd pour empêcher l'évaporation.

Fig. 21. — Charrue sulfureuse Vermorel.

Ces instruments seront probablement perfectionnés à la

suite d'une pratique plus grande ; en attendant, leur emploi n'est pas répandu.

Application du traitement. — Le sulfure de carbone, selon la dose à laquelle on l'emploie, peut facilement tuer une vigne comme il peut aussi ne tuer que les phylloxeras. C'est dire qu'il y a deux sortes de traitements que l'on peut appliquer :

1° Les traitements d'extinction ;
2° Les traitements culturaux.

Traitements d'extinction. — Les traitements d'extinction n'ont guère été pratiqués jusqu'ici qu'en Algérie. Dans ce vignoble plein d'avenir et qui, aujourd'hui même, envoie en France des quantités considérables de vins, aussitôt qu'une tache apparaît, on applique le sulfure à des doses considérables auxquelles rien ne résiste, ni la vigne, ni les insectes.

Une législation spéciale oblige les cultivateurs à se soumettre à ces mesures de rigueur.

Dans l'Yonne, où la propagation du phylloxera est loin d'être aussi rapide que dans le Midi de la France et en Algérie, on a appliqué aussi, en quelques endroits, des traitements d'extinction. Le plus énergique a été celui de Migé, dans lequel le sulfure était distribué à la dose de 200 grammes environ par mètre carré.

Les phylloxeras ont complétement disparu, la vigne aussi, et on est certain que, si le mal s'étend dans l'Yonne, ce ne sera pas là le foyer de l'invasion.

Il y a assurément des arguments très sérieux à faire valoir en faveur de ce mode de traitement ; mais à ces arguments on peut en opposer d'autres non moins sérieux. Et, comme ce n'est point ici le lieu de discuter un procédé, nous nous abstiendrons de tout commentaire.

Concluons cependant : Sous notre climat, où la propagation du mal est moins rapide que dans les pays chauds, nous ne croyons pas à l'efficacité des traitements d'extinction, attendu que les insectes *essaiment* depuis plusieurs années lorsque la tache est découverte.

Traitement cultural. — Le traitement cultural a pour but non pas de détruire tous les insectes que portent les racines, mais d'en détruire un nombre tel que la végétation puisse avoir lieu.

Quantité à employer. — La dose de sulfure de carbone doit être proportionnée à la plus ou moins grande épaisseur du sol.

Au début des traitements, on employait des doses considérables qu'on n'a pas tardé à abandonner. La moyenne est aujourd'hui de 35 à 45 grammes par mètre carré pour les terrains de consistance moyenne. Dans les terrains sablonneux, où la diffusion du sulfure se fait avec une grande facilité, on peut réduire la dose à 30 grammes, à la condition que les trous faits par le pal soient parfaitement bouchés et que la vigne ne reçoive aucune façon pendant au moins trois semaines.

Dans les terrains argileux, la dose doit être portée à 60 grammes par mètre carré, mais les trous doivent être multipliés, parce que la grande compacité du sol empêcherait les vapeurs de se diffuser et de se répandre uniformément.

Époque du traitement. — D'une façon générale, il ne faut pas sulfurer lorsque la sève est sur le point de partir et aussi lorsque les gelées sont à craindre. Ces dernières feraient périr les ceps de vigne, qui ne pourraient résister à l'abaissement considérable de température produit par le froid et par l'évaporation du sulfure.

On a observé aussi que lorsque le sol est détrempé par les pluies, le traitement, à quelque dose qu'il soit appliqué,

3

donne de mauvais résultats. Au contraire, lorsqu'une pluie survient après le traitement, son influence est des plus heureuses.

Dans le début de l'emploi du sulfure de carbone, les traitements avaient lieu au commencement de l'hiver. A la suite d'essais nombreux exécutés au printemps, il a été remarqué qu'à cette époque l'application du sulfure pouvait aussi être faite avantageusement.

Puis ont été tentés les traitements d'été, en juillet et août, qui sont pratiqués dans quelques régions.

Nous conseillons cependant les traitements de printemps de préférence à tous les autres.

Le sulfure a pour effet de retarder le départ de la végétation et cette influence est à considérer dans notre région, où les gelées de printemps sont si redoutables.

Nombre de traitements. — Beaucoup d'auteurs et de praticiens recommandent de n'appliquer qu'un seul traitement.

Nous ne sommes pas de cet avis, et ce qui s'est passé dans le département de l'Yonne cette année, est bien fait pour nous donner raison.

Si on applique 15 grammes à chaque traitement et que les traitements soient au nombre de trois, la dose totale est de 45 grammes par mètre carré, quantité que la vigne ne pourrait supporter en une seule fois.

D'un autre côté, il est évident que plus la dose de sulfure employée est considérable, plus le nombre de phylloxeras atteints est grand.

Nous sommes donc d'avis d'appliquer au printemps de chaque année trois traitements au sulfure de carbone, à raison de quinze grammes par mètre carré à chaque opération, cette dose devant être augmentée ou diminuée selon la nature du terrain.

Pratique de l'opération. — Chaque pal nécessite deux hommes : celui qui le manie et un autre destiné à boucher.

les trous à l'aide d'un bâton de deux mètres environ, arrondi à son extrémité. Cette dernière partie de l'opération a pour but d'empêcher le sulfure de carbone de s'évaporer.

On fait généralement 4 trous par mètre carré, soit 40,000 à l'hectare.

L'ouvrier qui manie le pal marche dans les *perchées* en faisant deux rangs de trous, c'est-à-dire qu'il les espace à 50 centimètres dans le sens de la longueur et à 25 centimètres de chaque côté des souches.

Le pal doit être enfoncé au moins à 25 centimètres; si cette condition ne se réalise pas facilement, on fait appel à un autre ouvrier qui, à l'aide d'une barre de fer appelée *avant-pal*, creuse un trou qui facilite l'introduction de la dose de sulfure à une plus grande profondeur.

Terrains où le sulfure ne produit pas d'effets. — Dans les sols trop légers, ainsi que dans ceux dont l'épaisseur est inférieure à 20 centimètres, le sulfure ne réussit pas.

Dans les terrains caillouteux, comme on en rencontre beaucoup dans l'Yonne, son effet est nul, parce que l'évaporation a lieu trop rapidement.

Les terres qui contiennent une trop grande proportion d'argile sont également réfractaires à l'action du sulfure pour les raisons données plus haut. Le liquide reste à l'endroit où l'injection est faite et peut exercer sur les racines qui s'y trouvent une influence des plus funestes.

Après le traitement. — Après le trai'ement, il est de toute nécessité de laisser la vigne en repos au moins pendant quinze jours.

On doit aussi donner un supplément de fumure (1). Il est

(1) MM. Crolas et Vermorel (*Guide pour l'emploi du sulfure*) indiquent les mélanges d'engrais suivants, qui réunissent les proportions indiquées par le Congrès de Bordeaux en 1881 :

1° 225 kil. nitrate de potasse, 100 kil. sulfate d'ammoniaque, évident que la vigne déjà affaiblie par les atteintes du parasite, subit, lorsque le sulfure est distribué, un ralentissement dans sa végétation. L'adjonction d'engrais est donc indispensable.

Une vigne atteinte par le phylloxera et traitée par le sulfure de carbone, ne reprend guère qu'au bout de deux ans l'aspect qu'elle avait avant l'invasion.

Prix de revient. — Le sulfure de carbone coûte environ 40 fr. les 100 kil. Si donc on l'emploie à raison de 15 grammes par mètre carré, la dépense pour chaque traitement est de 60 francs. Il faut y ajouter les frais de main-d'œuvre qui s'élèvent environ à 100 fr., et les frais de supplément de fumure, soit de 40 à 50 fr., ce qui donne une dépense totale de 320 à 330 francs.

SULFOCARBONATE DE POTASSIUM

En 1874, M. Dumas, l'illustre et regretté secrétaire perpétuel de l'Académie des sciences, proposa de traiter les vignes phylloxérées au moyen du sulfocarbonate de potassium. Cette substance devait servir tout à la fois d'insecticide et d'engrais pour la vigne.

Le sulfocarbonate est, en effet, un composé de *sulfure de carbone* et de *sulfure de potassium*, composé qui, au contact

---

260 kil. superphosphate de chaux contenant 15 % d'acide phosphorique soluble.

2° 330 kil. nitrate de soude, 250 kil. superphosphate de chaux contenant 12 % d'acide phosphorique soluble, 200 kil. de chlorure de potassium (ce dernier produit est remplacé avec avantage par 800 kil. kaïnite). On pourrait aussi remplacer le nitrate de soude par 250 kil. de sulfate d'ammoniaque, mais pour différentes raisons qu'il serait trop long d'énumérer, le nitrate de soude est préférable.

de l'air et de l'humidité du sol, donne naissance à du *sulfure de carbone*, de l'*hydrogène sulfuré* et du *carbonate de potasse*. Les deux premiers produits sont des insecticides énergiques ; le dernier est un excellent engrais pour la vigne, qui, on le sait, a besoin d'une assez grande quantité de potasse pour la formation de ses raisins.

Application du traitement. — L'application du sulfocarbonate se fait de la manière suivante : Après avoir pratiqué au pied de chaque cep ou autour de plusieurs un petit bassin dont les bords sont garnis de bourrelets de terre, on met dans ces cuvettes et par mètre carré, de 40 à 50 grammes de sulfocarbonate dilués dans 5 ou 10 litres d'eau. Après que ce liquide s'est infiltré dans le sol, on ajoute 10 ou 15 litres d'eau claire de manière à forcer la solution à descendre et à imprégner toute la masse terreuse. Le bassin est ensuite comblé avec la terre qui formait les bourrelets.

Ce procédé, bien qu'ayant donné de très bons résultats là où il a été appliqué avec intelligence, s'est fort peu répandu en France ; la dernière statistique (1885) n'indique que 5,227 hectares traités au sulfocarbonate, tandis que 40,585 sont traités par le sulfure de carbone.

Cette faible extension s'explique par la quantité d'eau considérable qu'exige ce traitement — 100 à 150 mètres cubes par hectare — et par les difficultés que l'on éprouve pour se procurer cette eau ; elle tient encore à l'importance de la main-d'œuvre et au prix élevé du traitement, qui varie de 250 à 400 francs par hectare.

MM. Mouillefert et Hembert ont construit un système particulier permettant de conduire l'eau économiquement à de grandes distances ; mais, malgré cet ingénieux dispositif, on ne devra faire usage du sulfocarbonate de potassium que dans les vignes à riche production, situées sur un bon fonds, peu atteintes par l'insecte et placées à la portée d'un cours d'eau ou d'un étang.

SUBMERSION.

Il est admis par tout le monde, dans le Midi, que l'on peut conserver et régénérer un vignoble envahi par le phylloxera au moyen de la submersion.

Ce procédé consiste à recouvrir le sol d'une couche de 20 à 25 centimètres d'eau pendant un temps plus ou moins long.

Historique. — C'est à M. Faucon, propriétaire à Graveson (Bouches-du-Rhône) qu'est due la propagation de ce procédé; c'est lui qui, le premier, l'a appliqué sur de grandes surfaces et a fait connaître les conditions nécessaires au succès du traitement.

Nous ne pouvons mieux faire, pour donner une idée de l'efficacité de la submersion, que de relater les faits qui se sont produits chez M. Faucon.

Son vignoble, envahi en 1868, avait donné l'année précédente . . . . 925 hectolitres.

En 1868, il produit . . . . 40 —
— 1869, — . . . . 35 —
— 1870, (1re année de submersion) . 120 —
— 1871, (2me —) . 450 —
— 1872, (3me —) . 850 —
— 1874, il produit . . . . 1175 —
— 1875, — . . . . . . 2480 —

et, depuis cette époque, la production s'est toujours maintenue à un chiffre très élevé.

La submersion a pris une extension considérable dans le Midi, et à peu près toutes les situations favorables ont été mises à profit.

M. Tisserand, directeur de l'agriculture, estime à 24,339 le nombre d'hectares submergés en 1885.

Malheureusement ce procédé ne pourra jamais être mis en

pratique dans nos contrées, où les vignes sont plantées en coteaux et où les hivers froids que nous subissons pourraient entraîner de graves accidents dans la végétation.

Néanmoins, nous allons donner quelques indications sur la manière dont est pratiquée la submersion dans les départements plus favorisés que le nôtre sous le rapport du climat.

Exécution des submersions. — Ce sont les terrains de plaines ou faiblement inclinés que l'on soumet à ce traitement ; le sol étant régularisé, on entoure la vigne de bourrelets de terre, de manière à former des bassins ou *planches* dans lesquelles on maintient l'eau sur une hauteur de 20 à 25 centimètres au moins, pendant un nombre de jours variable.

Plus on avance vers les pays chauds et plus longue est la durée de la submersion ; tandis qu'elle n'est que de 20 à 25 jours dans la Drôme — point extrême de l'application de la submersion —, elle est de 40 jours et plus dans le Gard et les autres départements méridionaux.

La superficie des planches est généralement comprise entre 3 et 20 hectares, elles sont rectangulaires ou carrées, parce que ces formes sont celles qui s'accommodent le mieux avec l'exécution des labours. Les bourrelets qui entourent les planches doivent avoir les dimensions strictement nécessaires pour résister à la poussée des eaux, parce que l'eau pénétrant difficilement sous leur base, il s'en suit que les phylloxeras qui s'y trouvent placés ne sont pas atteints et constituent des foyers d'infection permanents dont il est utile de diminuer l'importance.

Epoque du traitement. — Le moment le plus favorable pour submerger, celui où le traitement peut agir le plus efficacement sur l'insecte, est évidemment celui qui correspond à la période active de la vie du phylloxera, c'est-à-dire du 15 avril au 15 octobre.

Malheureusement on ne peut laisser la vigne sous l'eau

pendant l'été ; les travaux de culture ne pourraient être exécutés en temps voulu et les ceps souffriraient de la submersion.

C'est seulement après que la récolte est faite et que les sarments sont parfaitement aoûtés que l'on conduit l'eau dans les vignes. Dans le Midi, on submerge pendant la période comprise entre le 1er novembre et le 1er février ; le plus tôt à partir de l'arrêt de la végétation est le mieux.

Nature et conduite de l'eau. — La quantité d'eau nécessaire à la submersion d'un hectare de vigne est considérable; elle varie d'ailleurs beaucoup avec la nature du terrain, le climat et la durée de l'opération ; mais, en moyenne, il faut compter de 15 à 20,000 mètres cubes.

Cette eau est d'autant plus efficace qu'elle est moins aérée, car, on le sait, la submersion n'agit sur le phylloxera que par asphyxie : c'est en exerçant une pression considérable sur le sol et en chassant l'air qu'il renferme que l'eau parvient à tuer l'insecte. Or, moins l'eau contiendra d'air et plus énergique sera son action, car il suffit de la moindre bulle pour permettre au phylloxera de résister au traitement.

Cette eau est envoyée dans les vignes soit par canaux de dérivation, soit le plus souvent à l'aide de machines élévatoires mues par la vapeur.

A Saint-Laurent-d'Aigouze, dans le Gard, où les submersions ont pris une extension considérable et où la rivière qui alimente les nombreuses machines élévatoires placées sur ses bords est parfois insuffisante, les propriétaires ont mis en pratique un ingénieux moyen de se procurer de l'eau. Ils creusent des espèces de puits artésiens qui ont 0m30 de diamètre et 16 à 20 mètres de profondeur, dont le prix de revient est 1,500 francs et qui leur donnent un débit d'eau considérable.

Quelque efficace que soit la submersion, il est rare qu'il ne reste pas dans le sol des insectes qui échappent à l'action de l'eau ; aussi faut-il renouveler ce traitement tous les ans, et cela avec d'autant plus de raison que, à supposer même que tous les phylloxeras aient été détruits, la vigne peut être envahie de nouveau par les essaims d'*ailés* provenant des vignes voisines ou par les *aptères* cheminant sur le sol, ainsi que nous l'avons expliqué précédemment.

DESTRUCTION DE L'ŒUF D'HIVER.

Nous avons vu que le mâle n'intervient qu'une fois dans le cycle des transformations que subit le phylloxera ; de cet accouplement naît l'œuf d'hiver, qui donne naissance à une série de générations se multipliant sans fécondation préalable. Si, par conséquent, on parvenait à détruire cet œuf, il serait permis d'espérer que la marche de l'insecte serait considérablement ralentie, car nous doutons fort qu'on arrive jamais à l'arrêter radicalement.

On peut lutter contre cet œuf, qui, nous l'avons déjà dit, est déposé sous les écorces du jeune bois, soit en enlevant cette écorce au moyen d'un gant à mailles d'acier et en brûlant ensuite tous les débris obtenus, soit en ébouillantant les ceps, comme nous l'expliquerons plus loin, à propos de la Pyrale.

Enfin M. Balbiani, professeur au collège de France, a, ces années dernières, proposé de badigeonner les ceps avec le mélange suivant :

Huile lourde.	20	parties.
Naphtaline brute	60	—
Chaux vive	120	—
Eau	400	—

Traitement. — Il faut, avant d'employer ce mélange, décortiquer les souches qui sont âgées de plus de 5 ou 6 ans ;

faute de quoi, l'écorce étant très épaisse et soulevée par places, le mélange ne s'appliquerait qu'incomplètement sur la souche. On badigeonne à l'aide d'une brosse ou d'un pinceau, en remuant de temps en temps le mélange pour empêcher les matières solides de se déposer, et on imprègne la souche sans même respecter les bourgeons.

Le traitement doit être fait en février ou mars, après que la vigne a été taillée et par un temps sec ; on ne doit jamais badigeonner par la gelée.

Préparation du mélange. — M. Balbiani donne les indications suivantes pour la préparation du mélange. On dissout la naphtaline, préalablement concassée, dans l'huile lourde ; après quoi on arrose la chaux avec une petite quantité d'eau de manière à l'échauffer et à la faire foisonner. Quand la chaux est bien fumante, on verse dessus le mélange d'huile lourde et de naphtaline en pétrissant le tout au moyen d'un ou de deux bâtons *(ringards)*.

Il est essentiel d'ajouter ces matières à la chaux alors que sa température est élevée, car c'est la chaleur dégagée par la chaux qui fait fondre la naphtaline. On continue à brasser le mélange et on ajoute de l'eau par petites fractions, de manière à entretenir la chaleur et à rendre le mélange légèrement pâteux. Lorsque la chaux est entièrement délitée et la naphtaline fondue, on verse une nouvelle quantité d'eau ; une vive ébullition se produit et le mélange s'épaississant finit par prendre une couleur café au lait. L'opération est terminée ; on n'a plus qu'à ajouter le reste de l'eau qui n'a pas été employée.

Ce traitement paraît avoir donné d'assez bons résultats là où il a été employé ; mais son efficacité sera-t-elle suffisante pour nous permettre de conserver nos vignobles ? Les nombreuses expériences qui se poursuivent sur divers points de la France nous renseigneront bientôt à cet égard.

LES VIGNES AMÉRICAINES

Les traitements que nous avons jusqu'ici exposés ont pour but de détruire le phylloxera ; la plantation des vignes américaines est, au contraire, un moyen de vivre avec l'insecte.

Historique. — Les viticulteurs méridionaux, voyant leurs vignobles dépérir rapidement, eurent l'idée de s'adresser aux plants américains qui, espéraient-ils, résisteraient à l'indomptable puceron. Les premiers essais furent timides ; on n'osait se lancer dans une voie encore inconnue et ce n'est qu'en 1873 que la Société d'agriculture de l'Hérault, se mettant à la tête du mouvement, envoya étudier sur place ces cépages exotiques et préconisa leur culture comme porte-greffes.

En 1876, l'École nationale d'agriculture de Montpellier créait une collection complète de ces cépages et, prenant les devants, plantait en grande culture des *Jacquez* et des *Herbemonts*, des *Riparias* et des *Taylors*.

L'exemple donné par l'Ecole fut bientôt suivi par un grand nombre de propriétaires qui se mirent en devoir de reconstituer leurs vignes à l'aide des plants américains.

Aujourd'hui, ces cépages sont si bien entrés dans la pratique, leur résistance — au moins relative — aux atteintes de l'insecte est si bien établie, que leur culture prend tous les ans une importance de plus en plus grande.

Dans le seul département de l'Hérault, la vigne américaine a suivi la progression que voici :

En 1880, le département comptait 2,500 hectares.

En 1881,	—	5,000 —
En 1882,	—	10,000 —
En 1883,	—	19,000 —
En 1884,	—	29,000 —
En 1885,	—	45,000 —

D'après les statistiques établies chaque année par les soins du Ministère de l'Agriculture, la marche de la vigne américaine en France a été la suivante :

En 1880.	6,441 hectares.
— 1882.	17,096 —
— 1884.	52,777 —
— 1885.	75,262 —

Résistance des vignes américaines. — Les vignes américaines se développant avec vigueur là où nos cépages indigènes succombent, il faut en conclure que ces vignes résistent aux atteintes du phylloxera.

D'ailleurs, plusieurs faits, que nous allons exposer, viennent à l'appui de cette conclusion.

Le meilleur moyen de prouver que la vigne américaine résiste est de la planter en terrain phylloxéré et de constater ensuite son état de végétation ; c'est ce qu'a fait un propriétaire des Bouches-du-Rhône, M. Reich, à l'Armeillières, près d'Arles. Après avoir creusé une fosse d'une certaine profondeur, il en a rempli le fond avec des racines phylloxérées et a planté immédiatement dessus des vignes américaines et des vignes du pays. A la seconde année, les ceps indigènes étaient morts et, à l'heure actuelle, les plants américains, qui sont en place depuis 1875, présentent une vigueur remarquable.

Une preuve encore que ces vignes résistent, c'est que celles qui ont été les premières introduites en France, il y a 18 ou 20 ans, chez M. Laliman, à Bordeaux, et chez M. Borty, à Roquemaure (Gard), n'ont pas cessé un seul instant d'être vigoureuses.

Et d'ailleurs, il est bien établi aujourd'hui que ces vignes étaient depuis longtemps en contact avec l'insecte dans leur pays d'origine, où les essais qui avaient été tentés pour implanter les cépages français avaient toujours échoué.

Par conséquent, puisque le phylloxera a toujours existé ou tout au moins existe depuis longtemps en Amérique, il est bien certain qu'un plus ou moins grand nombre de variétés de vignes ont résisté à ses attaques.

Aussi bien peut-il en être autrement? Si toutes les vignes se comportaient comme les vignes européennes, si elles succombaient sous la piqûre de l'insecte, il y a beau temps que le phylloxera, ayant détruit lui-même l'espèce qui le nourrit, aurait disparu.

Or nous n'en sommes pas encore là, et c'est cependant ce qui serait infailliblement arrivé si les vignes américaines, en contact avec l'insecte depuis plusieurs siècles, n'avaient supporté ses atteintes sans faiblir.

On se trouve en présence de ce dilemme : ou certaines variétés de vignes peuvent vivre malgré les piqûres du phylloxera — et dans ce cas nous conserverons nos vignobles, — ou bien toutes les variétés succomberont sous les étreintes du puceron et nous assisterons alors à la ruine complète de notre viticulture. Il n'est pas admissible que la vigne soit appelée à disparaître complètement et, selon nous, ce sont les vignes américaines qui nous permettront de reconstituer nos vignobles, de réparer nos pertes et d'obtenir encore, sinon des vins d'une aussi belle qualité qu'autrefois, du moins du vin en abondance.

D'ailleurs, les plantations qui ont été faites en France ont prouvé qu'il était possible d'obtenir de ces vignes d'excellents résultats et, bien que le temps ne soit pas encore venu confirmer leur résistance absolue, on est tout au moins certain d'une résistance relative, qui rend leur culture rémunératrice.

A quelle cause est due la résistance des vignes américaines?
Bien des théories ont été émises à ce sujet; nous nous arrê-
terons à celle de M. G. Foëx, qui est la plus rationnelle.

Il résulte des belles recherches de ce savant professeur
que la résistance de ces cépages est due à la différence de
structure de leurs racines, qui, au lieu d'avoir comme les
vignes françaises, un tissu lâche et spongieux, sont, au contraire, formées par un tissu très serré, à rayons médullaires
étroits et nombreux, que l'insecte ne peut parvenir à désor-
ganiser.

Tandis que, pour les cépages européens les diverses cou-
ches de la racine sont atteintes par la piqûre du puceron et
que la pénétration des rayons médullaires entraine la décomposition des racines, l'écorce seule des racines américaines
est attaquée et tout se borne à une altération superficielle
qui se cicatrise rapidement.

Adaptation au sol. — Bien que les vignes américaines
résistent au phylloxera, on a eu quelquefois des mécomptes
dans les plantations qui ont été faites; mais ces insuccès proviennent, ainsi qu'on l'a compris depuis, de la non-adaptation
des cépages aux terrains sur lesquels ils se trouvaient placés.

Comment admettre, en effet, que des végétaux que l'on a
pris en Amérique sur des espaces très étendus et dans des
terrains de nature différente, puissent venir également bien
sur tous les sols? Ces cépages ont acquis certains besoins
que nous sommes obligés de satisfaire si nous voulons
réussir dans leur culture.

N'en est-il pas ainsi pour tous les végétaux? Ne sait-on pas,
par exemple, que le hêtre prospère surtout dans les terrains
calcaires; le bouleau, le châtaignier et le pin sylvestre dans
les terrains siliceux?

Et, sans quitter la vigne, n'en est-il pas de même pour nos
plants français? Tous les vignerons savent bien que les
terrains de prédilection du Pinot noir sont les sols calcaires

et en coteaux, que sur les sols granitiques le Gamay donne un vin plus fin que sur les terrains calcaires. Pourquoi alors exiger des plants américains une réussite égale sur tous les sols?

Et, outre la question de terrain, n'y a-t-il pas encore à tenir compte des conditions de climat et d'exposition ?

On ne peut donc imputer les insuccès — sauf pour certaines variétés bien connues — à la non-résistance des vignes américaines ; l'expérience suivante, faite à l'École de Montpellier, démontre bien quelle est l'influence de l'adaptation au sol et prouve péremptoirement que ces deux questions de résistance et d'adaptation ne doivent pas être confondues.

Sur une partie des collections de l'École, le sol fut enlevé, en 1879, jusqu'à une couche de rocher qui forme le sous-sol et remplacé par des terres rouges provenant de St-Georges-d'Orques, près Montpellier.

On mit dans cette terre rapportée les cépages américains dont la végétation était languissante dans le sol naturel, et, immédiatement, ces cépages reprirent une grande vigueur et une coloration intense, qui se sont maintenues depuis lors.

Il faut donc, lorsqu'on fait des plantations d'américains, connaître son terrain et les plants qui ont chance d'y prospérer ; l'expérience seule pourra plus tard nous fournir des renseignement complets à ce sujet. Pour le moment, nous emprunterons à M. G. Foëx les indications suivantes qui sont le résultat d'observations nombreuses (1) :

« 1° Terres profondes, fertiles et fraîches : V. Riparia sauvages, tomenteux et glabres, Jacquez, Solonis, Vialla et Taylor.

« 2° Terres profondes, un peu fortes et non humides : V. Riparia sauvages, Solonis, Vialla, Taylor.

« 3° Terres profondes, de moyenne consistance, fraîches

(1) Cours complet de Viticulture, page 583.

en été : V. Riparias sauvages, Jacquez, Solonis, Vialla, Taylor, Black-July.

« 4° Terres légères, caillouteuses, profondes, bien égouttées, ne se desséchant pas trop en été : Jacquez, Vialla, V. Riparia sauvages, Taylor, V. Rupestris.

« 5° Terres calcaires à sous-sol crayeux, peu profondes ou granitiques : Solonis et V. Rupestris.

« 6° Terres argileuses blanches ou grisâtres : Jacquez.

« 7° Terres argileuses profondes et très humides : V. Cinerea (?).

« 8° Terres sableuses, profondes, suffisamment fertiles : Solonis, Jacquez, Black-July, V. Rupestris.

« 9° Terres caillouteuses, sèches et arides, dites des Garrigues : V. Rupestris, York-Madeira, V. Riparia sauvages.

« 10° Terres profondes avec fond de tuf (travertins) et terres un peu salées : Solonis.

« 11° Terres colorées en rouge par le fer peroxydé à cailloux siliceux, profondes et un peu fortes, s'égouttant bien, mais pas sèches en été : Tous les cépages indiqués précédemment, plus les suivants : Herbemont, Cynthiana, Clinton, Marion, Concord, Hermann. »

Les vignes américaines dans l'Yonne. — Parmi les nombreuses variétés de vignes américaines résistantes, les unes peuvent être cultivées comme producteurs directs, les autres comme porte-greffes. Dans l'Yonne, il ne faut pas songer à faire usage des premières, qui ne pourraient jamais amener leur fruit à maturité ; les porte-greffes seuls doivent nous intéresser.

Ces derniers, en effet, ne mettant que leurs racines à notre disposition, n'ont rien à craindre de la rigueur de notre climat. C'est d'eux — et d'eux seulement — que nous devons attendre la reconstitution des parties de notre vignoble qui sont détruites par le phylloxera ; c'est par eux que nous pourrons conserver pendant longtemps encore cette *purée septembrale* qui a fait la réputation de notre belle Bourgogne.

Le moment n'est pas encore venu de faire des essais de replantation, l'introduction des cépages américains étant encore interdite dans notre département ; mais nous croyons néanmoins devoir indiquer quels sont ceux des porte-greffes qui ont donné les meilleurs résultats dans les départements qui nous environnent, et sur lesquels devra se porter notre attention le jour où leur introduction sera permise. Ce sont principalement : le Vialla, l'York-Madeira, l'Othello, le Noah, l'Eumelan, les Riparia sauvages, le Senasqua et le Cynthiana.

Souhaitons en terminant que nos vignerons, profitant de l'expérience des premiers départements envahis, ne soient pas réfractaires aux cépages américains. Nous ne demandons pas qu'ils se lancent sans réflexions dans de grandes plantations ; nous leur demandons seulement, lorsqu'il leur sera permis d'importer ces cépages, d'étudier sur de petites surfaces ceux qui conviennent à leurs terrains et, une fois édifiés, de ne pas hésiter à replanter leurs vignes détruites.

L'avenir de la viticulture de l'Yonne est à ce prix !

PLANTATION DANS LES SABLES

Historique.— Alors que le vignoble méridional succombait sous les attaques du phylloxera, on ne fut pas sans remarquer que certaines vignes, plantées dans des terrains sablonneux, présentaient à l'insecte une plus grande résistance.

En 1879, au congrès viticole de Nîmes, M. Boyer citait dans son rapport des vignes françaises âgées de 72 ans, plantées dans les terrains sablonneux de la Pinède Saint-Jean et qui, à ce moment, produisaient 225 hectolitres à l'hectare. Le propriétaire de ces vignobles, qui avait remarqué leur résistance à l'insecte, avait, quatre ans auparavant, fait de nouvelles plantations qui, à la quatrième feuille, lui donnaient déjà 70 hectolitres à l'hectare.

Cette immunité des sols sablonneux s'affirmant de plus en plus, on ne tarda pas à se lancer dans la voie des plantations et à mettre en culture de grandes surfaces jusque là improductives. C'est à Aigues-Mortes (Gard) que l'élan fut donné. Les sables du littoral sur lesquels ne venait qu'une végétation chétive et qui, pour la plupart, n'étaient utilisés que pour le pâturage des animaux — ne rapportant de ce fait qu'une rente de 5 à 10 francs par hectare et par an, — se couvrirent peu à peu de pampres verdoyants et, à l'heure actuelle, tout le littoral, depuis Agde (Hérault) jusqu'aux Saintes-Maries (Bouches-du-Rhône), est planté de cépages français.

Et non seulement on a mis en culture les sables de la Méditerranée, dont la valeur est passée de 100 ou 200 francs l'hectare à 5,000 et 6,000 francs, mais la vigne s'est également emparée des dunes des landes de Gascogne, où nous avons pu voir de magnifiques vignobles, et des sables d'alluvion d'un grand nombre de rivières.

Toutefois si dans les sables marins la résistance des vignes est absolue, elle n'est que relative dans les autres.; il faut, pour que la vigne soit indemne, que le sol renferme au moins 60 % de silice.

Causes de l'immunité du sable. — A quelle cause faut-il attribuer cette propriété des terrains sablonneux? Il nous est impossible de répondre à cette question d'une manière satisfaisante; bien des opinions ont été émises à ce sujet, mais aucune d'elles n'est, jusqu'ici, considérée comme indiscutable.

On a prétendu que la mobilité des terrains sablonneux, la finesse extrême des particules qui les composent et l'absence de crevasses dans ces sortes de sols, étaient un obstacle au cheminement de l'insecte.

On a dit encore que le sable possède une action insecticide rapide et certaine sur tous les parasites qui y sont enfouis accidentellement au moment de la plantation.

M. Barral a attribué la résistance à un courant d'eau souterrain baignant par capillarité les racines de la vigne ; enfin d'après M. Vannuccini, l'immunité des sables serait due à la facilité avec laquelle ils se laissent pénétrer par l'eau, de sorte que, selon lui, le phylloxera succomberait à l'action de l'eau et non à celle même du sable.

Quoi qu'il en soit de ces diverses théories, il est un fait certain, c'est que dans les terrains où domine la silice, les cépages français sont à l'abri des atteintes du phylloxera et produisent des rendements élevés qui font que la culture en est très avantageuse.

Aux vignerons à mettre à profit cette propriété des sols sablonneux partout où cela leur est possible. Ceux de l'Yonne auront à leur disposition des terrains sableux de grès vert qui, nous l'espérons, présenteront à l'insecte un grand degré de résistance.

LÉGISLATION

Dès que la présence du phylloxera est signalée ou même suspectée sur un point du département, le Maire avertit le Préfet, qui envoie immédiatement un délégué départemental pour faire la constatation officielle. Des mesures sont prises afin qu'un premier traitement soit appliqué le plus vite possible. Les frais en sont supportés moitié par l'État, moitié par le département.

La seconde année du traitement, l'État paie une partie des frais, à condition que les intéressés se soient réunis en Syndicat, selon les prescriptions de l'article 5 de la loi du 2 août 1879, ainsi conçu :

« Lorsqu'un département ou une commune votera une
« subvention destinée à aider les propriétaires qui traitent
« leurs vignes suivant l'un des modes approuvés par la
« Commission supérieure du phylloxera, l'Etat donnera une
« subvention égale à celle du Département ou de la Com-
« mune, qui se trouvera ainsi doublée.

« Lorsque des propriétaires, en vue de la destruction du
« phylloxera sur leur territoire, se seront organisés en asso-
« ciations syndicales temporaires approuvées par l'autorité
« administrative, ils pourront recevoir sur l'avis conforme
« de la Section permanente de la Commission supérieure du
« phylloxera une subvention de l'État. Cette subvention ne
« pourra, dans aucun cas, dépasser la somme votée par le
« Syndicat pour le traitement des vignes phylloxérées.

« Pourront également être subventionnées par l'État sous
« les conditions et dans les proportions fixées par le para-
« graphe précédent, les associations syndicales temporaires
« approuvées par l'autorité administrative et constituées en
« vue de la recherche du phylloxera dans les contrées
« indemnes ou partiellement atteintes. »

Il y a donc deux sortes de Syndicats : les Syndicats de
traitements visés par le paragraphe 2 de l'article ci-dessus et
les Syndicats de recherches visés par le paragraphe 3.

Nous citerons comme modèle de Statuts pour un Syndicat
de traitements ceux qui sont adoptés par le département du
Rhône et, pour un Syndicat de recherches, ceux qui, tout
dernièrement, ont été élaborés à Chablis.

(*Modèle*).

DÉPARTEMENT

d

ARRONDISSEMENT

d

CANTON

d

COMMUNE d

CONVENTION SYNDICALE

POUR

LA DESTRUCTION DU PHYLLOXERA

(Art. 5 de la loi du 2 août 1879).

Article premier.

Les soussignés, propriétaires, demeurant à
canton de   , arrondissement de   ,
département de

Vu les lois des 15 juillet 1878 et 2 août 1879, notamment
le § 2 de l'article 5 de la dernière loi, ainsi conçu :

« Lorsque des propriétaires, en vue de la destruction du
« phylloxera sur leur territoire, se seront organisés en asso-

« ciations syndicales temporaires approuvées par l'autorité
« administrative, ils pourront recevoir sur l'avis conforme
« de la Section permanente de la Commission supérieure du
« phylloxera, une subvention de l'État. Cette subvention ne
« pourra, dans aucun cas, dépasser la somme votée par le
« Syndicat pour le traitement des vignes phylloxérées ; »

Vu la circulaire n° 399 de M. le Ministre de l'Agriculture
et du Commerce en date du 20 août 1879 ;

S'organisent en Association syndicale temporaire ayant
pour objet réel et unique la défense du vignoble par l'emploi
d'un des traitements que recommande la Commission supérieure, en vue d'obtenir la subvention de l'État indiquée dans
la loi ci-dessus visée du 2 août 1879.

Art. 2.

Le bureau est composé comme suit :

M.   , Président ;
M.   ., Secrétaire ;
M.   , Trésorier.

Art. 3.

Le Syndicat a son siège à

Les associés s'engagent à faire la dépense présumée nécessaire pour traiter avec le secours du gouvernement
hectares   ares, se répartissant ainsi :

Savoir :

N°s d'ordre	NOMS DES PROPRIÉTAIRES qui s'engagent à participer à la dépense	DOMICILE	SUPERFICIE des vignes à traiter	
			hectares	ares

Art. 4.

Les travaux de traitement, à la dose de 25 grammes de sulfure par mètre carré, sont évalués à la somme de 265 fr. par hectare, savoir :

Pour le sulfure de carbone, 250 kilogrammes à 40 fr. les 100 kilos . . . . 100 »
Pour les transports, main-d'œuvre et fumure complémentaire . . . . 165 »

Total égal. . . . . . 265 »

Le Syndicat vote dès à présent la somme représentant les frais de transports, main-d'œuvre et fumure complémentaire, que les propriétaires se réservent la faculté de faire eux-mêmes, sous le contrôle de la Commission, soit cent soixante-cinq (165) francs par hectare ou en totalité
    francs.

Art. 5.

Chaque associé doit une part de la dépense nette, proportionnelle au nombre d'hectares pour lequel il a adhéré au Syndicat.

Fait en quadruple expédition à   le

       (*Suivent les signatures*).

Ce modèle de statuts pourra être adopté dans l'Yonne lorsque l'invasion phylloxérique aura étendu ses ravages. Les seules modifications à apporter seront relatives à l'article 4.

Les statuts du Syndicat de Chablis sont ainsi conçus:

SYNDICAT ANTI-PHYLLOXÉRIQUE DE CHABLIS

STATUTS

Adoptés en Assemblée générale le 22 Août 1886

Objet et Formation.

Article 1er.

Conformément à la loi du 2 août 1879, un Syndicat est formé entre les propriétaires de vignes sur le territoire de Chablis et les communes limitrophes, pour la recherche du phylloxera et l'application des méthodes curatives recommandées par la Commission supérieure du phylloxera.

Ce Syndicat assure contre les risques de la dépense du traitement.

Art. 2.

Auront le droit de se syndiquer :

1° Les propriétaires habitant la commune de Chablis ;

2° Les forains qui y rentrent leurs récoltes ;

3° Les habitants des communes voisines, mais seulement pour les vignes qu'ils possèdent sur le territoire de Chablis.

Tout sociétaire sera tenu d'engager la totalité de ses vignes dès qu'elles auront atteint l'âge de deux ans et devra en fournir, par écrit, la désignation exacte et en désigner la contenance.

Art. 3.

Le Syndicat a son siège social à Chablis.

Composition du bureau.

Art. 4.

Le Syndicat est administré par un bureau composé de :
Un président ;
Deux vice-présidents ;
Un trésorier ;
Quatre trésoriers-adjoints ;
Un secrétaire ;
Un secrétaire-adjoint ;
Et dix assesseurs.

Les membres du bureau seront renouvelés chaque année en assemblée générale, au mois de septembre ; ils sont rééligibles.

Attributions du Bureau.

Art. 5.

Le Président est chargé, avec l'aide des membres du bureau, de la représentation et de la direction du Syndicat dans la limite des statuts, de l'acquisition du matériel et des insecticides nécessaires, ainsi que de la constatation des taches phylloxériques qui lui seront signalées.

Il a la signature sociale et agit, si besoin est, en justice, au nom du Syndicat.

Art. 6.

Le Secrétaire est chargé de la correspondance et des procès-verbaux des délibérations, il convoque pour les réunions du bureau et les assemblées générales et mandate les dépenses après l'approbation du Président.

Art. 7.

Le Trésorier centralise les fonds du Syndicat et paie les travaux et les acquisitions diverses sur le vu des mandats délivrés par le Secrétaire.

Avec le concours du Président, il prépare les pièces justi-

ficatives pour obtenir le paiement des subventions accordées
par l'État et le Département.

Art. 8.

Les assesseurs, outre leur participation à l'administration
générale, sont plus spécialement chargés de la recherche des
taches phylloxériques ; ils devront à tour de rôle assister à
l'application du traitement dont ils auront la direction sur le
terrain. Ils seront payés s'ils coopèrent manuellement à l'application du traitement.

Art. 9.

Le bureau contrôle les recettes et dépenses ; il se réunit
tous les deux mois.

Il devra rendre compte des travaux accomplis et de la
situation financière du Syndicat trois fois par an, lors des
assemblées générales.

Art. 10.

Tous pouvoirs sont donnés au bureau pour se concerter
avec tout autre syndicat, en vue d'une action commune.

L'assemblée générale aura seule le droit de décider la
fusion du Syndicat avec tout autre concourant au même but.

Exécution des travaux. — Paiement des cotisations.

Art. 11.

Afin d'assurer l'uniformité dans l'exécution de toutes les
mesures à prendre contre le phyllodera et aussi pour remplacer le propriétaire absent ou empêché, les travaux de
délimitation et de traitement des taches seront exécutés par
le Syndicat et à ses frais, moyennant la cotisation annuelle
dont il sera parlé ci-après.

Le Syndicat se charge de trouver les travailleurs. Toutefois, chaque sociétaire pourra lui-même choisir les hommes
appelés à travailler dans sa vigne, mais à la condition que
le traitement sera exécuté aussi promptement que possible

et sous le contrôle d'un assesseur chargé d'en vérifier l'application.

Art. 12.

Les travailleurs devront toujours, autant que possible, être choisis parmi les sociétaires.

Le prix de la journée sera fixé par le bureau, selon la saison et l'usage du pays.

Le propriétaire qui voudra coopérer manuellement au traitement de sa vigne recevra la même rétribution que les autres travailleurs.

Art. 13.

Chaque sociétaire s'engage à veiller attentivement sur l'état de son vignoble et à signaler au bureau, dès qu'il l'aura remarqué ou aura été prévenu, tout point suspect.

Il s'engage, en outre, si la présence du phylloxera est reconnue, à laisser exécuter tous les travaux de délimitation et de traitement, selon le mode admis par la Commission supérieure du phylloxera.

Art. 14.

Les associés s'engagent à payer une cotisation annuelle de deux francs par chaque contenance de soixante ares soixante-dix-huit centiares — (arpent ; — mesure de Chablis) — soit trois francs trente centimes par hectare.

Si au cours de la troisième année du Syndicat, cette cotisation devenait insuffisante, elle pourrait être augmentée, mais sans que, dans aucun cas, elle devienne supérieure à cinq francs par hectare.

L'assemblée générale seule pourra décider l'augmentation de la cotisation.

Le fonds commun constitué au moyen des cotisations sus-indiquées, s'augmentera des dons volontaires sur lesquels il y a lieu de compter et des subventions qui seront sollicitées par le bureau.

Tout donateur fera partie de droit du Syndicat.

Art. 15.

Le recouvrement des cotisations, des dons et des subventions sera effectué par les soins du Trésorier, avec l'aide des Trésoriers-Adjoints.

Art. 16.

Le propriétaire de vignes qui, au cours du Syndicat, demandera à en faire partie, devra payer sa cotisation depuis le jour de la fondation de l'association.

Toutefois, s'il n'était pas propriétaire de vignes lors de cette fondation, il paiera seulement depuis le jour où il le sera devenu.

Art. 17.

Pour la présente année, en raison des frais d'acquisition du matériel, les cotisations devront être versées à bref délai ; mais, à l'avenir, les paiements se feront durant le cours du premier semestre de chaque année.

Art. 18.

Chaque associé, par le fait de son adhésion, se reconnaît débiteur de la somme fixée à l'article 14, et, s'il ne s'exécute pas, il pourra, si la majorité du bureau le décide, être poursuivi par toutes les voies de droit.

Art. 19.

Les associés se réunissent en assemblée générale trois fois par an, en mai, juillet et septembre, pour entendre le rapport sur les travaux accomplis, les dépenses faites, et pour délibérer sur les questions qui intéressent la bonne marche du Syndicat.

Les délibérations sont prises à la majorité des membres présents.

Art. 20.

La durée de l'association est fixée à cinq ans, à compter du 1er septembre 1886.

A l'expiration de cette date, le Syndicat sera dissous de plein droit ; toutefois il pourra se prolonger pour une nouvelle période, mais cette prorogation n'aura d'effet que pour ceux qui y adhéreront de nouveau.

Art. 21.

Les associés font élection de domicile à Chablis.

Art. 22 et dernier.

La présente association syndicale ne deviendra définitive qu'autant que les statuts ci-dessus auront été approuvés par M. le Préfet de l'Yonne.

Les statuts qui précèdent seront imprimés par les soins du bureau, et il en sera distribué un exemplaire à chaque sociétaire.

ALTISE

Bien que l'altise soit surtout un ennemi des vignobles méridionaux, nous croyons devoir en donner la description à cause des ravages qu'elle commet parfois dans la région méditerranéenne et notamment en Algérie.

C'est un petit insecte de couleur vert-bleuâtre, ayant 5 millimètres de long et présentant sur le dos un sillon transversal très prononcé (Pl. 2, fig. 10).

Mœurs de l'insecte. — C'est principalement sur les feuilles naissantes et les jeunes sarments que l'altise est le plus répandue ; elle mange le parenchyme de ces feuilles qu'elle crible d'un grand nombre de petits trous. Quelques jours après leur arrivée dans la vigne, les altises s'accouplent et la femelle pond de 20 à 40 œufs de couleur jaune, sur la face inférieure des feuilles.

Sept à huit jours après la ponte naissent des larves grisâtres qui, changeant insensiblement de couleur, deviennent complètement noires.

Ces larves rongent les feuilles et, quinze jours après, descendent à 0m10 dans le sol, où elles se métamorphosent en nymphes et une semaine après en insectes parfaits.

Le cycle complet des transformations de l'altise exigeant à peine un mois, il s'en suit que, dans le courant de l'été, il peut se produire un certain nombre de générations. Ces générations, quelquefois au nombre de cinq dans le Languedoc, peuvent être plus nombreuses encore en Algérie.

Quand viennent les froids, l'altise se met à l'abri sous l'écorce des arbres, dans les murs, les broussailles et les herbes sèches, et elle ne réapparaît plus qu'au printemps suivant.

Traitement. — On combat l'altise de plusieurs manières. Le plus souvent on fait usage de l'entonnoir en fer blanc (Pl. 2, fig. 3), mais il faut, pour réussir dans cette chasse, l'exécuter de grand matin, car on a constaté qu'à ce moment les altises étaient moins actives. Si, au contraire, on attend le lever du soleil, ces insectes, excités par la chaleur, sautent d'autant plus loin que cette chaleur est plus forte.

En juin, on ramasse les 4 ou 5 dernières feuilles de la base des sarments sur lesquelles, habituellement, vivent les larves, ou bien encore on envoie dans les vignes des troupeaux de poulets, de dindons ou de canards qui détruisent un grand nombre d'altises.

Nous avons dit que l'altise passe l'hiver dans les broussailles ; on se sert de cette particularité pour lui faire une guerre meurtrière. Il suffit de mettre dans la vigne, de distance en distance, des tas de bois, de fagots, de sarments, de débris végétaux de toutes sortes, dans lesquels l'insecte ira se réfugier. Vers la fin de l'hiver, on brûle ces abris artificiels et on se débarrasse ainsi d'une quantité considérable d'altises.

Quand la multiplication est très abondante, ces différents moyens, bien qu'efficaces, ne sont pas suffisants ; on emploie alors des matières insecticides, telles que la poudre de pyréthre diluée dans l'eau dans la proportion de 5 pour 1000, le jus de tabac, la benzine, la chaux, le soufre, etc.

En Algérie, on emploie avec succès, paraît-il, le mélange suivant :

Chaux en poudre	70 gr.
Soufre pulvérisé	20 —
Sulfate de fer pulvérisé	10 —
Acide phénique.	5 —
Total.	105 gr.

LA PYRALE

On remarque souvent sur différents arbres ou arbrisseaux de petits insectes verdâtres, très brillants, longs d'un centimètre environ, qui contournent les feuilles et les empêchent par cela même de remplir leurs fonctions respiratoires.

Ils sont désignés sous le nom de *tordeurs* ou *tordeuses*, et il est facile de les observer sur le prunier, le cerisier, le poirier et quelquefois aussi le chêne.

Ces insectes sont les *pyrales*.

Description et mœurs de l'insecte. — La pyrale de la vigne est un papillon (Pl. 2, fig. 5) qui, à l'état parfait, mesure environ un centimètre et demi de longueur et dont l'envergure atteint quelquefois deux centimètres.

La tête est d'une couleur plus foncée que le reste du corps, qui est muni de seize pattes très difficiles à voir à l'œil nu.

Ce n'est pas à l'état d'insecte parfait que la pyrale attaque la vigne.

Vers le mois d'août, elle dépose sur les feuilles quinze ou vingt œufs qui, en septembre, éclosent et donnent naissance à des larves (Pl. 2, fig. 6). Ces dernières émigrent sous l'écorce du bois et y passent l'hiver à l'abri des grands froids.

Au printemps, lorsque les feuilles et les grappes apparaissent, ces chenilles quittent leur demeure hibernale et exercent leurs ravages.

La pyrale rogne les feuilles par leurs bords, les contourne — d'où le nom de *tordeuse* qui lui a été donné — et les réunit en paquets.

Si on observe attentivement ces feuilles agglomérées, on voit qu'elles sont entourées de fils excessivement petits qui ne tardent pas à atteindre la jeune grappe. Cette dernière est coupée par l'insecte à son sommet.

Nous n'avons jamais vu dans l'Yonne la pyrale en grande

quantité. Beaucoup de vignerons même ne la connaissent pas.

Dans la Haute-Bourgogne et dans le Beaujolais, elle exerce quelquefois des ravages considérables et ses effets désastreux ont gravement compromis, il y a six ans, la récolte de la partie nord du département du Rhône.

Traitement. — Plusieurs modes de traitement sont conseillés pour détruire la pyrale.

1° *Échaudage.* — Raclet, vigneron à Romanèche (Rhône) se basant sur les mœurs de l'insecte, qui passe l'hiver sous le cep, a conseillé de verser à cette époque sur chaque souche environ un litre d'eau bouillante. Cette opération est excessivement simple.

Nous en avons vu l'application en grand dans le Beaujolais pendant l'hiver 1882-1883. Les résultats sont excellents et la méthode peu coûteuse.

La seule difficulté consiste dans la température à laquelle l'eau doit être employée.

Au dessous de 90°, cette dernière ne produit plus un effet suffisamment énergique.

De tous les traitements employés, c'est assurément le plus efficace.

2° *Badigeonnage.* — M. Gaston Bazille, sénateur, grand propriétaire de vignes dans l'Hérault, recommande le mélange suivant, qui, paraît-il, lui a donné les meilleurs résultats :

Urine de vache. . . . . . 100 kil.
Huiles lourdes du gaz. . . . 6 kil.

On ajoute un peu de savon et on applique ce liquide sur la souche à l'aide d'un pinceau.

Cette opération doit être faite en hiver.

3° *Sulfurisation.* — Dans le Midi, on recouvre la souche d'une grande cloche de zinc ou d'un fût sous lequel on fait brûler du soufre. Les résultats sont, paraît-il, très satisfaisants.

4º *Autres procédés*. — On conseille aussi de ramasser les feuilles sur lesquelles l'insecte pond ses œufs et de les brûler afin d'empêcher la propagation.

D'autre part, il existe une mouche appelée *ichneumon* qui détruit un grand nombre de pyrales.

GRIBOURI

Cet insecte, exclusivement ampélophage, est depuis long-temps connu de nos vignerons sous les noms *d'eumolpe*, *bête à la forge*. On le rencontre assez abondamment dans le département, mais il n'y fait jamais de ravages bien sérieux.

Description et mœurs de l'insecte. — Il est long de 5 à 6 millimètres, noir, à pubescence jaunâtre et couvert de ponctuations rouge-châtain (Pl. 2, fig. 11). Le Gribouri attaque la vigne sous les deux états de larve et d'insecte parfait, mais c'est surtout sous la première de ces formes que ses dégâts sont les plus importants.

D'une couleur foncée, et repliée en forme de croissant, la larve vit sous terre et s'attaque aux racines de la vigne, dans lesquelles elle creuse des sillons longitudinaux, sillons qui, à l'automne, leur servent de refuge pour passer l'hiver.

Il est rare que ces attaques amènent le dépérissement complet de la vigne, mais elles entraînent un ralentissement de la végétation, et l'apparence de la partie atteinte est en tous points semblable à celle des taches phylloxériques. Au printemps, cette larve monte près de la surface du sol et se construit une loge spéciale dans laquelle elle se transforme en nymphe d'abord, en insecte parfait ensuite.

C'est en juin, alors que les bourgeons sont bien développés qu'apparaît l'insecte, qui se met aussitôt en devoir de ronger les jeunes feuilles et détruit en partie les nouvelles grappes. Tout le monde connaît, pour les avoir vues, les entailles que le gribouri trace sur les feuilles; ce sont ces ciselures, que l'on a comparées aux anciennes écritures, qui lui ont valu le nom d'*écrivain*.

Traitement. — Au moindre bruit, l'écrivain ramène ses 6 pattes sous lui, se laisse tomber sur le sol et fait le mort, de sorte que la chasse en est très difficile.

Cependant, en parcourant les vignes de bon matin, soit avec le plat en fer blanc dont il a été parlé, soit avec un cerceau muni d'un sac et également échancré, on parvient à en prendre un grand nombre, surtout si on a le soin de marcher contre le soleil; sans cette précaution, l'ombre projetée le prévient et il se laisse tomber sur le sol, où il est impossible de le voir. Les poules étant très friandes de ces insectes, on peut encore les chasser en en lâchant un troupeau dans les vignes. On doit faire la chasse à l'insecte depuis le mois de juin jusqu'en août.

Quant à la larve, qui est la forme la plus redoutable, on ne connaît pas de remède absolument efficace, si ce n'est le sulfure de carbone, qui, dans certaines circonstances où il était appliqué en vue du phylloxera, a donné d'excellents résultats.

M. Paul Thénard a aussi proposé de mettre au pied des souches, vers la fin de l'hiver et tous les trois ans, 1,200 kil. de tourteau de colza, dont l'huile a été extraite à une température de 80 degrés seulement. D'après lui, l'essence de moutarde que renferme ce tourteau servirait d'insecticide et suffirait à tuer la larve du gribouri; jusqu'ici cependant, on n'a pas obtenu de brillants résultats de l'emploi de ce remède.

LA GRISETTE

La Grisette (*Jocquot* dans le Tonnerrois) est un petit insecte qui exerce surtout ses ravages dans le département de l'Yonne et plus particulièrement dans l'arrondissement d'Auxerre. Dans le vignoble de Coulanges-la-Vineuse et aux environs de Chevannes, Orgy, elle occasionne fréquemment des dommages considérables.

Description et mœurs de l'insecte. — Les mœurs de cet insecte ne sont pas encore parfaitement connues.

Comme le phylloxera, la grisette appartient à la famille des pucerons (*hémiptères*). Elle a six pattes et deux antennes et mesure de six à sept millimètres de longueur.

L'insecte parfait pond ses œufs au moment des grandes chaleurs et les dépose dans la moëlle du bois, sur le cep, les échalas.

Ces œufs passent l'hiver à l'abri des froids et, au mois de mars, on voit apparaître les larves, dont les dimensions sont très réduites. Elles grandissent petit à petit et à la fin du mois de mai, on peut voir l'insecte parfait.

C'est alors qu'il attaque la fleur de la vigne et, par ses nombreuses piqûres, empêche la formation du fruit.

Traitement. — On a imaginé un grand nombre de procédés pour détruire la grisette ; malheureusement, aucun d'eux n'a été suivi d'un succès complet.

On a conseillé de répandre au moment où les larves sont toutes jeunes un liquide qui puisse les détruire. C'est probablement dans ce sens qu'il faut diriger les recherches, car, à ce moment, l'insecte ne se meut pas facilement et il lui serait impossible de se cacher.

Si une invasion aussi considérable que celle de 1884 venait

à se produire, espérons que les chercheurs se mettront à la besogne et qu'ils trouveront un procédé plus rapide et plus efficace que ceux conseillés jusqu'à ce jour.

URBEC

L'Urbec, connu encore sous les noms d'*Urbère*, de *Cigareur, Lisette, Becmare, Attelabe, Diableau* ou *Velours-Vert*, prend tous les ans, dans l'Yonne, une assez grande extension.

Bien que les dégâts qu'il commet ne soient pas très considérables, il n'en est pas moins vrai que nos vignerons s'en plaignent quelquefois assez amèrement et que lorsque, sur un cep, un grand nombre de feuilles sont atteintes, la végétation s'arrête, les fruits cessent de s'accroître et ne parviennent pas à maturité, les sarments ne s'aoûtent pas.

Description et mœurs de l'insecte.— Cet insecte, pourvu d'un bec ou rostre très allongé (Pl. 2, fig. 8), est le plus souvent d'une belle couleur bleue; quelquefois cependant, la femelle, qui est plus grande que le mâle, est d'un vert bleuâtre.

Ses ravages ne commencent pas aussitôt après l'apparition de l'insecte parfait; cet insecte vit pendant quelque temps en rongeant seulement les feuilles sans les traverser (Pl. 2, fig. 4). Ce n'est qu'en juin, au moment de la ponte, que la femelle attaque avec ses mandibules le pétiole des feuilles, de manière à arrêter la marche de la sève et à préparer pour la nourriture des jeunes larves des feuilles à demi mortifiées et tendres. Ces feuilles étant presque détachées, la femelle pond sur chacune d'elles de un à huit œufs, après quoi elle les enroule.

Quinze jours après, les larves longues de 4 à 5 millimètres, blanches avec la tête brune et sans pattes, se laissent tomber sur le sol, dans lequel elles s'enfoncent pour y passer l'hiver. Au printemps suivant, réapparaît l'insecte parfait.

Traitement. — Le mal étant tout extérieur et bien visible, il est facile de combattre l'urbec. Il suffit pour en arrêter la marche envahissante, de ramasser en juin toutes les feuilles roulées et de les livrer à la flamme. En répétant cette opération une seconde fois à quelques jours d'intervalle, on est certain de ne laisser subsister aucune ponte.

Ce procédé, qui permet de se préserver de l'invasion de l'insecte pour l'avenir, ne diminue en rien les dégâts déjà effectués ; c'est pour éviter ces dégâts que, dans le Coulangeois, les vignerons font la chasse directe à l'insecte. Dès que sa présence est reconnue dans les vignes, les ouvriers s'y rendent munis d'une toile, d'un sac ou d'une sorte de plat en fer blanc échancré en un point pour livrer passage au cep. L'un de ces récipients étant placé sous la souche, on l'agite violemment ou on frappe avec un bâton et les insectes qui en tombent sont ensuite écrasés ou plongés dans l'eau bouillante.

Les larves de l'urbec étant très sensibles au froid, on peut, en donnant en novembre un labour profond à la vigne, les ramener à la surface du sol, où la gelée les fera périr.

COCHYLIS

Description et mœurs de l'insecte. — La Cochylis, vulgairement désignée sour les noms de *Teigne de la vigne* ou *Teigne de la Grappe*, et dont la chenille est appelée *Ver rouge*, *Ver coquin* ou *Ver de la vendange*, a deux générations par an.

C'est un petit papillon (Pl. 2, fig. 7) de couleur jaune pâle, avec reflets argentins sur la tête ; les ailes antérieures, de la même couleur que le corps, présentent sur leur milieu une bande transversale brune avec quelques points plus clairs et légèrement colorés en lilas.

Après s'être accouplé, le papillon, qui apparaît en avril, dépose ses œufs sur les bourgeons naissants ou sur les jeunes grappes, et de ces œufs sortent de petites chenilles roses violacées, dont la tête et la bouche sont d'un brun rougeâtre foncé.

Chenilles. — Ces chenilles, sécrétant un fil particulier, réunissent les feuilles et les grappes en petits fourreaux et, une fois à l'abri, se nourrissent aux dépens des fleurs emprisonnées.

On conçoit tout le mal que peuvent faire ces chenilles en attaquant ainsi la vigne au moment de la floraison : un grand nombre de grappes sont détruites et la récolte est diminuée d'autant. Toutefois les préjudices les plus considérables sont causés par la seconde génération.

Seconde génération. — En juin, les chenilles, après s'être construites entre les grappes dévorées de petites loges soyeuses, se transforment en chrysalides qui, elles-mêmes, donnent naissance à de nouveaux papillons apparaissant vers la mi-juillet.

Cette fois, la ponte des œufs a lieu directement sur les grains de raisin. Les chenilles qui en proviennent perforent ces grains et, pénétrant dans leur intérieur, les débarrassent entièrement de la pulpe qu'ils renferment.

Passant ainsi d'un grain à l'autre, la cochylis fait parfois des ravages considérables ; une chenille peut manger 3 ou 4 grains en entier, mais elle en perfore un bien plus grand nombre qui se pourrissent et amènent souvent la destruction complète de la grappe.

Lorsqu'arrivent les premiers froids, vers la fin de septembre ou le commencement d'octobre, les chenilles, quittant la grappe, se réfugient dans les fissures des ceps ou dans les anfractuosités des échalas. Quelquefois même, restant à la surface de ces objets, elles se filent un cocon de soie dans lequel a lieu la transformation en chrysalide.

Traitement.— Si les mœurs de l'insecte sont bien connues, il n'en est pas de même de la manière de le combattre.

M. Valéry-Mayet, professeur d'entomologie à l'École nationale d'agriculture de Montpellier, pense que le procédé le plus sûr est, quand on est sérieusement envahi, de vendanger en vert : « Si l'on attendait, dit-il, ce ne serait pas un cinquième de la récolte que l'on perdrait, mais les quatre cinquièmes et peut-être la totalité » On est certain, en opérant ainsi, de détruire un grand nombre de chenilles, puisqu'à ce moment elles sont dans les grains : la fermentation les tue infailliblement.

On a encore proposé d'ébouillanter les ceps, comme pour la pyrale, ou de râcler toutes les parties sur lesquelles on aperçoit des cocons blancs et de brûler ensuite tous les détritus obtenus.

OTIORHYNQUE

L'Otiorhynque sillonné, que l'on trouve parfois dans nos vignes et que les praticiens appellent *Gros Écrivain* ou *Coupe-Bourgeons*, est un insecte noir, long de 10 à 12 millimètres, ayant sur le dos un certain nombre de petits sillons et des taches fauves formées par des poils très courts (Pl. 2, fig. 9).

Cet insecte, dont la larve mange les racines, est essentiellement nocturne et ronge les jeunes bourgeons et les feuilles de la vigne. Dans la journée, il se cache à un demi-centimètre sous terre et ne monte sur les ceps que pendant la nuit.

On peut le chasser à l'entonnoir de très grand matin, mais il est préférable pour le détruire de mettre une petite quantité de sulfure de carbone au pied des souches.

COCHENILLE

La Cochenille, ou *Kermès de la vigne,* est un insecte qui commet quelquefois d'assez grands dégâts dans les vignes, mais qui, le plus souvent, ne s'attaque qu'aux treilles.

La femelle seule fait des ravages. Elle est bombée, convexe, d'un brun roussâtre, et est toujours entourée d'une sorte de bourrelet de matière farineuse et filamenteuse qui suinte par tout son corps.

Le mâle n'apparaît que pour la fécondation. La femelle, immobile, dépose ses œufs rougeâtres sur le bourrelet blanc et de ces œufs naissent des pucerons qui enfoncent leurs suçoirs dans les fissures de l'écorce et sucent la sève.

Quand ces insectes sont peu nombreux, leur action est insignifiante, mais lorsque leur nombre est grand, ils peuvent provoquer par leurs piqûres des exubérances considérables qui font souvent périr les ceps.

Il est facile de détruire la cochenille, soit en râclant l'écorce avec une lame, soit par des badigeonnages avec des mélanges de savon noir, d'eau et d'essence de térébenthine ou de pétrole, de savon ordinaire et d'eau, ou encore avec du jus de tabac.

ERINEUM

En avril dernier, on annonçait déjà l'apparition du mildew dans nos vignes et les vignerons, très inquiets, nous adressaient, en grand nombre, des feuilles malades : nous eûmes le plaisir de constater que nous étions seulement en présence de l'*Erineum* ou *Erinose.*

Ses causes. — Pendant longtemps on a considéré l'Erineum comme étant produit par un cryptogame que l'on appelait

Erineum vitis; mais on a depuis reconnu qu'il était dû à un tout petit acarien que les savants appellent *Phytocoptes vitis,* et dont la larve vit dans le feutrage que l'on remarque sur les feuilles.

Aspect des feuilles. — Les feuilles atteintes sont, en effet, parsemées à leur face inférieure d'une plus ou moins grande quantité de taches blanchâtres qui, en vieillissant, prennent une teinte plus foncée.

La partie supérieure de la feuille qui correspond au feutrage est boursouflée, ce qui n'a jamais lieu lorsqu'on a affaire au mildew. De plus, les poils qui forment ces taches sont adhérents à la feuille et ne peuvent être enlevés que par un frottement assez énergique, tandis que les spores du mildew — également situées à la face inférieure des feuilles — se détachent au moindre choc sous la forme de poussière blanchâtre.

Son action. — L'Erineum est rarement dangereux pour la vigne ; cependant lorsque les feuilles sont fortement couvertes de boursouflures, leur tissu s'épaissit, se déforme et la végétation du cep s'en ressent quelque peu : l'aoûtement des sarments se fait difficilement et quelquefois les raisins ont de la peine à mûrir.

Traitement. — Il est très rare que le mal atteigne cette intensité ; aussi s'est-on peu occupé, jusqu'ici, de trouver un préservatif. Néanmoins les soufrages répétés, donnés au début de la végétation, paraissent avoir donné de bons résultats.

Les insecticides, tels que le jus de tabac, l'acide phénique, le pétrole, etc., arrêteraient peut-être la marche de l'insecte.

Le champ est ouvert aux expérimentateurs.

MALADIES CRYPTOGAMIQUES

OÏDIUM

Historique. — L'oïdium fut constaté pour la première fois en 1844 par un jardinier anglais du nom de Tucker, qui donna son nom à la maladie (*oïdium Tuckeri*).

Son apparition en France fut signalée en 1847, et, en 1851, la maladie exerça de tels ravages dans le Midi que la récolte put être considérée comme nulle.

On l'appelait alors *la maladie de la vigne*.

Elle s'étendit de plus en plus, gagna le Beaujolais et la Haute-Bourgogne et, depuis quelques années, notre département est aussi atteint. Nous ne savons pas au juste à quelle époque sa présence fut constatée dans l'Yonne ; il est certain toutefois que l'application des traitements n'est passée dans la pratique courante que depuis fort peu de temps.

Caractères de la maladie. — L'oïdium apparaît sur toutes les parties vertes de la vigne sous l'aspect d'une efflorescence dont la couleur va du blanc au gris.

Cette efflorescence, examinée avec soin, montre un grand nombre de petits filaments agglomérés en taches.

Ce champignon produit des effets remarquables sur les divers organes.

Sur la partie inférieure de la feuille, qui est toujours attaquée la première, on remarque, à l'origine, une poussière blanchâtre qui, au bout de quelques jours, passe au gris. La partie supérieure de la feuille est envahie à son tour par une sorte de duvet qui permet de distinguer immédiatement la maladie. A ce moment, au lieu de rester verte et plate comme à son état normal, la feuille prend une couleur brune et se recourbe, la face inférieure en dehors. Elle se casse alors facilement.

Les jeunes rameaux sont attaqués de la même façon que les feuilles et presque simultanément. Le point de départ des filaments est généralement situé près des jeunes bourgeons. Peu à peu, le mal s'étend aux sarments qui exhalent une forte odeur de moisi.

On voit ensuite apparaître sur ces derniers des points jaunâtres qui, au fur et à mesure des progrès de la maladie, se multiplient, se rassemblent en taches qui deviennent presque noires. La partie supérieure des sarments qui reçoit plus directement les rayons solaires est généralement plus attaquée que la partie inférieure.

C'est surtout sur les raisins que l'oïdium exerce des ravages considérables. Le jeune grain se recouvre d'une poussière analogue à celle que l'on trouve sur les rameaux, mais bien plus abondante et qui devient noire. Cette poussière, très grasse au toucher, empêche toute la partie extérieure du fruit de se développer et, comme l'intérieur augmente toujours de volume, il se produit nécessairement une rupture.

C'est alors que la maladie est à son maximum d'intensité.

Effets. — L'oïdium ne s'attaquant qu'aux parties vertes et le corps de la souche n'étant pas atteint, il ne saurait y avoir mort de la vigne, sauf dans les cas d'épuisement extrême.

La maladie peut cependant avoir une très grande influence sur la récolte de deux années.

L'année pendant laquelle on observe le mal, le grain mûrit avec difficulté; quelquefois il tombe de la grappe. Les vins sont de qualité inférieure.

Mais, d'un autre côté, comme les rameaux, par suite de leurs lésions, sont mal aoûtés, il est souvent très difficile d'asseoir la taille de l'année suivante. De plus, ces sarments résistent beaucoup moins bien aux gelées d'hiver.

On a observé que l'oïdium attaquait certains plants de préférence à d'autres. Les Pinots sont plus résistants que les Gamays à l'action de la maladie.

La multiplication de ce champignon se fait avec facilité par les temps chauds et humides.

En 1851, lorsque la récolte du Midi fut perdue par l'oïdium, les conditions climatériques avaient été on ne peut plus favorables à sa propagation. On a observé qu'au-dessous de 12° et au-dessus de 45°, le développement n'avait pas lieu.

Le traitement. — De toutes les maladies qui, dans l'Yonne, peuvent compromettre une récolte, l'oïdium est une de celles que nous devons le plus redouter.

On a cherché pendant très longtemps le moyen de le combattre. Un nombre considérable de procédés ont été expérimentés ; un seul est véritablement efficace : c'est le soufrage.

Les expériences qui ont été faites dans ce sens sont tout à fait concluantes ; aussi ne nous occuperons-nous que de ce moyen de destruction.

Depuis longtemps, dans le Midi, on soufre tous les ans, même sans avoir l'oïdium. C'est un traitement préventif qui, comme nous le verrons plus loin, n'est pas d'un prix de revient très élevé.

Dans l'Yonne, cette opération commence aussi à entrer dans la pratique courante, mais nous voudrions la voir se généraliser.

Le soufre est employé en poudre et le commerce le livre sous trois états :

1° Le soufre sublimé, qui est le plus pur. C'est aussi le plus cher. Il est doux au toucher, craque lorsqu'on le presse

entre les doigts; sa couleur jaune est plus foncée que celle
du soufre trituré.

Le soufre sublimé est celui que l'on emploie le plus dans
notre département.

Il est depuis quelques années l'objet d'une fraude considérable, qui consiste dans l'addition de poussières de diverses
natures.

2º Le soufre trituré est celui que l'on emploie dans le Midi.
Sa couleur jaune est plus claire que celle du soufre sublimé;
il est moins doux au toucher, d'un grain plus gros et coûte
moins cher que le précédent.

3º Le soufre d'Apt, inconnu ici, tend à se répandre de
plus en plus. Si nous en parlons, c'est parceque nous l'avons
vu employer dans la Côte-d'Or et qu'il arrivera certainement
chez nous. C'est du soufre ordinaire, auquel on a ajouté 80 º/₀
de plâtre.

On l'appelle soufre d'Apt parceque, dans le département
de Vaucluse, il existe des carrières de plâtre qui contiennent
du soufre dans cette proportion.

Il est nécessaire de l'employer à une dose plus élevée que
les précédents, et on le répand généralement à la main.

Le soufre agit sur l'oïdium en désorganisant les filaments
de ce champignon. C'est une action qui n'a pas encore été
bien expliquée, mais les bons résultats sont indiscutables.

Il a aussi un effet très marqué sur la végétation. On a remarqué que les vignes soufrées étaient plus vertes que celles
qui n'avaient pas subi le traitement; d'autre part, il a une
influence des plus heureuses sur la floraison. Il faut cependant éviter de le répandre sur les fruits quand on prévoit de
grandes chaleurs.

La quantité de soufre à employer par hectare varie selon
la nature du produit et aussi selon le traitement. Dans beaucoup de pays, le soufrage de la vigne est pratiqué sans que
l'invasion ait lieu; c'est alors un traitement *préventif*, et dans
ce cas, la dose de soufre est très réduite.

Mais, le plus souvent, l'opération n'est pratiquée que lorsque la maladie a fait son apparition. C'est le traitement *curatif*.

La dose employée varie selon les régions ; nous croyons que, dans notre département, elle est un peu exagérée.

Dans le Midi, on met, par hectare, au premier soufrage, 15 kil. de soufre sublimé, 30 kil. au second et 40 kil. au troisième.

Dans le département de l'Yonne, on met 45 kil. de soufre au premier traitement, le second exige à peu près la même quantité, on la réduit à 30 kil. environ pour le troisième.

Comme on peut le voir en comparant les chiffres, contrairement à ce qui se passe dans le Midi, les doses vont ici en diminuant.

Ces chiffres pourraient certainement être abaissés, mais il faut alors être en possession d'un instrument qui répartisse le soufre d'une façon uniforme. Il s'agit de couvrir toutes les parties de la feuille et non pas d'accumuler le soufre par endroits, ce qui peut produire des résultats tout à fait contraires à ceux que l'on cherche à obtenir.

Le premier soufrage se pratique dans l'Yonne lorsque la vigne a passé fleur. C'est, à notre avis, la meilleure époque, car les chaleurs n'ont pas été assez fortes jusque là pour que l'oïdium ait pu se propager.

Ce soufrage attaquera non-seulement les filaments du champignon, mais sera aussi d'un puissant effet pour empêcher le développement de l'*Erineum*. Il est de beaucoup le plus important.

Un second soufrage se pratique au moment de la véraison; quant au troisième, il n'est pas nécessaire de l'appliquer si les deux premiers ont été donnés dans des conditions favorables et surtout si la maladie ne sévit pas avec trop d'intensité.

Instruments. — A l'origine, le soufre était jeté à la main. Nous connaissons encore à Auxerre d'excellents vignerons qui, en s'appuyant sur ce fait que le soufre a une action des plus efficaces sur la vigne, ne songent nullement à avoir recours à un instrument. Il est presque inutile de faire remarquer que, dans ce cas, les quantités à employer sont beaucoup plus considérables.

Cependant, quand on veut avoir une répartition uniforme et aussi lorsqu'on ne veut employer que la quantité de soufre strictement nécessaire, il est indispensable de se servir d'un appareil.

L'instrument primitif, celui que l'on trouve encore dans le Midi, est la boîte à soufrer. C'est un récipient en fer blanc, percé de trous par lesquels s'échappe le soufre. L'ouvrier manie cet instrument avec facilité, mais son emploi n'est pas à recommander pour deux raisons :

1° L'opération est très longue ;

2° Le soufre est répandu en excès et d'une façon tout à fait irrégulière.

La boîte à soufrer fut remplacée par la houppe, qui ne donna pas non plus de bons résultats et dut disparaître devant le soufflet. C'est un instrument trop connu et trop répandu pour que nous en fassions la description (Pl. 2, fig. 2).

On peut lui reprocher de ne pas projeter le soufre avec assez de vigueur et aussi de ne pas faire beaucoup d'ouvrage.

Il a été inventé ces temps derniers de nouveaux appareils qui nous semblent réunir toutes les conditions d'un bon fonctionnement.

Nous citerons comme étant, à notre avis, bien supérieurs aux autres, le *Vélo-Soufreur* de Trazy, de Lyon, et le *Soufreur "Le Rapide"* construit par M. Gabelle, d'Auxerre, notre compatriote.

Ce dernier étant à la disposition de tous les vignerons de notre département, c'est lui que nous décrirons (fig. 22).

Le mécanisme est des plus simples. C'est un ventilateur qui exerce son action sur un récipient dans lequel se trouve du soufre. Celui-ci est projeté dans deux tubes dont on peut

faire varier la direction. L'ouvrier porte l'instrument à l'aide
d'une courroie et, en marchant, soufre deux perchées à la
fois.

Fig. 22. — Soufreur Gabelle.

On peut traiter plus d'un hectare dans une journée. Cet
instrument est fort bien construit, et nous n'hésitons pas à le
recommander tout particulièrement.

Son prix est de 25 francs.

Prix de revient. — L'emploi du soufre, pour les raisons
que nous avons données plus haut, tend de plus en plus à se
généraliser. Pour ne citer qu'un exemple, dans les deux

6

communes de Cheny et Ormoy (arrondissement de Joigny), on en a utilisé cette année 12,000 kilogs.

Cette opération est si simple et ses résultats si frappants, que personne n'hésite plus à la faire.

On emploie en moyenne de 100 à 120 kil. de soufre à l'hectare. En calculant sur le plus élevé de ces chiffres, on voit que si le soufre vaut 21 francs les 100 kil., il faut en acheter pour 25 fr. environ afin de pouvoir traiter un hectare. En y ajoutant la journée d'homme, nécessaire à l'opération, c'est une dépense de 28 fr. au maximum, pour se mettre en garde contre ce redoutable champignon.

On élévera peut-être certaines objections contre le prix de 21 francs que nous citons comme valeur de 100 kil. de soufre sublimé. C'est le prix auquel a été faite, au printemps, la fourniture du Syndicat d'Auxerre.

Nous connaissons un autre Syndicat qui a traité à raison de 19 fr. 80 les 100 kil. Il est évident que l'acquisition en détail dans une épicerie ou une pharmacie coûterait peut-être le double.

MILDEW

Historique. — Le *Mildew*, ou *Mildiou*, ou *Peronospora*, est connu en Amérique depuis fort longtemps. Il y exerce des ravages considérables et rend la culture de la vigne impossible aux États-Unis.

Son apparition en France date de 1878 ; il fut signalé dans le Midi par M. Planchon, et s'étendit dans tout le reste du vignoble avec une très grande rapidité.

On l'a constaté pour la première fois dans le département de l'Yonne en 1882-83. Il ne causait pas alors de grands dommages. Il a fallu l'intensité extraordinaire que la maladie a acquise cette année pour que ce fléau fût considéré comme un des plus redoutables contre lesquels nous ayons à lutter.

Caractères. — Le mildew, jusqu'à ce jour, a rencontré beaucoup d'incrédules. Les vignerons de l'Yonne le confondaient toujours avec une altération que subit la feuille de la vigne pendant les matinées froides de l'été et qui est désignée sous le nom de *brouai*.

Il n'en est malheureusement rien. Le *brouai* est caractérisé par un desséchement particulier de la feuille qui prend une teinte rouge. C'est un accident auquel sont très assujetties les vignes situées dans les bas-fonds, au voisinage d'une rivière ou d'un bois.

Le mildew a des caractères tout à fait spéciaux qui ne permettent aucune confusion.

Au début de la maladie, la partie supérieure de la feuille perd sa teinte verte. De place en place, on voit apparaître des points jaunes qui s'agrandissent et finissent par former tache. A ces taches, correspondent, à la face inférieure, des efflorescences blanches très compactes.

La couleur jaune de la feuille devient de plus en plus foncée, et passe assez rapidement au brun. Il reste cependant, en différents points, de petites surfaces jaunes, de sorte que la simple observation de la partie supérieure de la feuille permet de constater la présence du redoutable champignon.

Le mildew s'attaque aussi aux rameaux, mais seulement aux jeunes.

Sa présence sur les grains est assez rare dans notre pays.

Effets de la maladie. — Les effets de la maladie sont des plus désastreux. Nous sommes convaincus que l'invasion du mildew, qui, cette année, a sévi sur les vignobles de l'Yonne, a fait diminuer la récolte d'au moins 50 %.

L'arrondissement de Joigny est particulièrement atteint.

Lorsque la présence du mildew est constatée sur la vigne et qu'aucun traitement n'est appliqué, la feuille se dessèche petit à petit et finit par tomber.

Mais souvent elle reste sur le cep sans pour cela accomplir

sa fonction d'organe respiratoire. On conçoit facilement que, dans l'une ou l'autre de ces deux alternatives, tout développement des fruits et des rameaux soit impossible.

Les grains, n'étant plus abrités par les feuilles, se dessèchent et ne grossissent plus. La maturité n'a pas lieu ou a lieu d'une façon tout à fait imparfaite.

Les vins de la récolte sont acides et perdent beaucoup de leur valeur commerciale.

A notre avis, c'est, de toutes les maladies qui attaquent notre vignoble, la plus redoutable.

La maturité du raisin qui, chez nous, s'accomplit souvent très difficilement et déprécie nos produits sur les marchés, sera encore retardée lorsque le mildew exercera ses effets.

C'est toujours après une température élevée et alors que l'humidité de l'air est assez grande que le mildew fait son apparition. Un temps sec arrête complétement son développement. Il est malheureusement facile de constater que toutes ces conditions favorables se sont trouvées réunies pendant les mois de juin et juillet 1886.

Traitements. — L'apparition du mildew en France étant toute récente, on ne connaissait pas, avant cette année, de procédés efficaces pour le détruire. Cependant les essais avaient été fort nombreux.

La première tentative a eu lieu avec du sulfate de fer (*couperose verte*) et de l'acide sulfurique étendu d'eau, qui sont employés avantageusement contre l'anthracnose. On n'a obtenu aucun résultat satisfaisant.

L'École d'agriculture de Montpellier a entrepris une suite d'expériences sur le lavage à la soude caustique ; elles n'ont pas abouti mieux que les précédentes.

Enfin, en septembre 1884, le hasard fit découvrir que le sulfate de cuivre (*couperose bleue*) avait une influence très marquée sur le développement du mildew. Cette constatation fut faite par M. Perrey.

« Au milieu d'un territoire complétement ravagé par le
« mildew, les parcelles, pourvues au printemps d'échalas
« récemment trempés au sulfate de cuivre, se distinguent au
« premier abord par la couleur verte et l'état de leurs feuilles.

« Dans une parcelle d'une étendue de 15 ares, dans le
« département de Saône-et-Loire, portant 2,000 pieds de
« Gamay, de 4 à 5 ans d'âge, 400 souches ont reçu de vieux
« échalas dont le trempage n'avait pas été renouvelé depuis
« plusieurs années ; toutes les autres ont été dressées au
« printemps sur des échalas de tremble qui avaient subi un
« trempage de quatre jours dans une solution saturée de
« cuivre. Les vieux échalas étaient régulièrement distribués
« dans la parcelle.

« Le 15 septembre, des 400 ceps de la première catégorie,
« pas un seul n'a gardé plus de deux ou trois feuilles, mortes
« d'ailleurs. Les 1,600 ceps de la seconde catégorie, sans
« exception, possèdent la totalité de leurs feuilles.

« En résumé, le simple trempage des échalas en solution
« cuprique, suffit à préserver des plants de 4 à 6 ans, il ne
« suffirait vraisemblablement plus à préserver convenable-
« ment des plants à grande arborescence. »

A peu près à la même époque, M. Jouet, régisseur de trois
grands domaines du Médoc, faisait des observations analogues.

On a l'habitude, dans ce pays, de répandre sur les bords
des grands chemins, un mélange de vert-de-gris et de chaux
qui empêche aux maraudeurs de manger les raisins.

Toutes les treilles qui étaient couvertes de cette bouillie
résistaient parfaitement à l'action du mildew.

En Italie et en France, on obtenait aussi d'excellents résultats par le traitement au lait de chaux.

Désormais, le remède était trouvé, et à la suite de nombreuses expériences qui furent tentées dans beaucoup de
vignobles et avec des produits différents, il fut reconnu que
le traitement de la maladie par un mélange de sulfate de
cuivre et de chaux était d'une grande efficacité.

Le sulfate de cuivre (*couperose bleue*, *vitriol bleu*) est un produit connu de tout le monde. On l'emploie depuis fort longtemps dans les campagnes pour *vitrioler* les blés de semence et aussi pour conserver les bois destinés à être plantés en terre. Il est très souvent impur, par suite de la présence d'une certaine proportion de fer.

Il est très facile de reconnaître un bon produit d'un mauvais.

Pour cela, on en fait dissoudre un petit fragment dans de l'eau ordinaire, froide ou chaude : l'eau se colore en bleu clair. On ajoute alors quelques gouttes d'ammoniaque (alcali volatil). Si le liquide devient d'un bleu un peu plus foncé, le sulfate de cuivre est pur; s'il devient noir, cela indique un manque de pureté et la présence d'un corps analogue mais beaucoup moins cher, le sulfate de fer.

La chaux que l'on emploie est de la chaux ordinaire éteinte et étendue d'eau dans des proportions que nous indiquerons plus loin.

On a essayé de substituer au mélange une simple dissolution de sulfate de cuivre. M. Muntz, professeur à l'Institut national agronomique, propose de répandre sur les feuilles une dissolution de sulfate de cuivre au dixième.

M. Audoynaud, professeur à l'École de Montpellier, recommande l'emploi de l'ammoniaque et du cuivre (1).

(1) Cette brochure était déjà sous presse lorsque nous avons reçu communication des résolutions adoptées par le Congrès viticole de Bordeaux.

Celles qui concernent le Mildew sont si importantes que nous croyons devoir les faire connaître.

Le mélange suivant a, paraît-il, donné partout des résultats très satisfaisants :

Sulfate de cuivre . . . . . 2 kilos.
Eau . . . . 100 litres.

Quand le sulfate est bien dissous, on ajoute peu à peu en agitant :

Ammoniaque (alcali volatil). . . . 2 kil.

100 litres de ce mélange coûtent environ 8 francs et suffisent pour traiter un hectare.

Nous n'hésitons pas à recommander cette formule très écono-

Le mélange de sulfate de cuivre et de chaux est connu sous le nom de *bouillie bordelaise*.

Il est ainsi composé :

Sulfate de cuivre . . . . . 8 kil.
Eau . . . . 100 litres.
Chaux grasse . . . . . 15 kil.
Eau . . . . 30 litres.

On fait dissoudre le sulfate de cuivre dans l'eau préalablement chauffée ; d'un autre côté, la chaux est éteinte avec le reste de l'eau, le tout est mélangé et il ne reste plus qu'à le répandre sur les feuilles d'une façon uniforme.

Instruments. — Dans le début des traitements, on se servait, pour la distribution de la bouillie, d'un simple balai.

Fig. 23. — Pulvérisateur Vermorel.

Mais le travail était mal fait, car si de grandes précautions n'étaient pas prises, certaines feuilles n'étaient pas atteintes par le mélange et succombaient sous l'action du mildew.

mique. L'avantage considérable qu'elle présente consiste dans l'application à l'aide des pulvérisateurs : les tuyaux de caoutchouc de ces instruments ne s'obstruent pas, comme cela arrive souvent, quand on emploie la bouillie bordelaise.

D'autre part, il y avait une perte considérable de matière.

Nos habiles constructeurs se sont mis à l'œuvre et ont trouvé des instruments parfaits qui répondent absolument au but auquel on les destine.

Ce sont les pulvérisateurs.

Nous ne les décrirons pas tous en détail ; les concours régionaux dans lesquels nous les avons vus fonctionner et aussi les essais d'instruments spéciaux nous ont montré que quelques-uns d'entre eux étaient incontestablement supérieurs aux autres.

Citons le pulvérisateur de M. Vermorel, de Villefranche-sur-Saône (Rhône) (fig. 23 et 24) ; celui de MM. Delord et Guiraud, de Nîmes ; celui de MM. Japy frères, de Beaucourt (Haut-Rhin) (fig. 25 et 26) ; et celui de M. Gaillot, de Beaune (fig. 27).

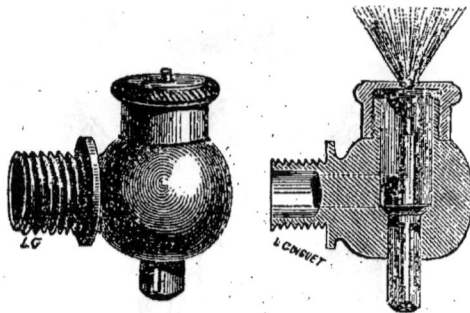

Fig. 24. — Orifice du Pulvérisateur Vermorel.

Les figures ci-jointes nous dispensent de toute explication.

L'emploi continu de la bouillie bordelaise finit par altérer les tubes de caoutchouc dans lesquels circule le liquide, et il se forme un dépôt dans un laps de temps assez court, bien que le mélange soit passé au tamis avant d'être employé.

C'est pourquoi ces appareils fonctionnent beaucoup mieux avec le liquide obtenu par la formule de M. Audoynaud.

(3 kil. sulfate de cuivre et deux litres d'ammoniaque dans un hectolitre d'eau).

Pour que le traitement produise tous ses effets, il faut que chaque feuille de vigne reçoive, au moins, une ou deux gouttes du mélange de sulfate de cuivre et de chaux.

Ce dernier, en arrivant au contact du champignon, empêche son développement.

Fig. 25. — Pulvérisateur Japy.

Le premier traitement doit se faire dès la fin du mois de mai. Il est rare qu'à ce moment le mildew ait fait son apparition, mais un traitement préventif est d'une grande utilité. On ne saurait, du reste, fixer des époques précises pour ces opérations. C'est affaire de coup d'œil.

Le premier traitement seul doit être fait à l'époque que

nous avons indiquée plus haut ; les autres sont subordonnés à la puissance de l'invasion.

Fig. 26. — Bidon du Pulvérisateur Japy.

Il s'est élevé quelques craintes relativement à l'emploi du sulfate de cuivre qui, pris en assez grande quantité, peut occasionner des empoisonnements.

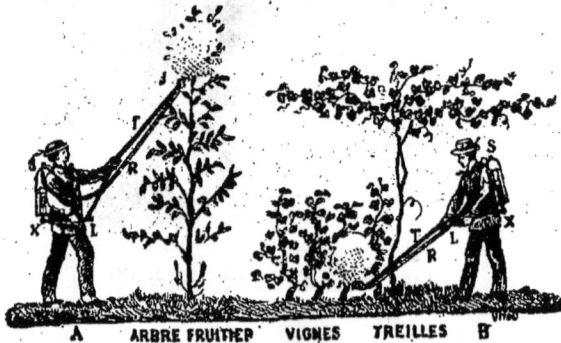

Fig. 27. — Pulvérisateur Gaillot.

Un grand nombre d'analyses de vins récoltés sur des vignes traitées ont été faites à la station agronomique de Bordeaux et à l'Ecole d'agriculture de Montpellier. On n'a pu recueillir que des traces à peine perceptibles de la matière employée.

Prix de revient. — Il est très difficile d'évaluer avec précision la quantité de bouillie bordelaise nécessaire pour le traitement d'un hectare.

Il résulte cependant d'expériences qui ont été faites dans le Midi, que 5 litres de mélange sont suffisants pour traiter 100 souches, c'est-à-dire que si on considère des vignes plantées à un mètre en tous sens et renfermant 10,000 ceps à l'hectare, il faudra environ 500 litres de bouillie bordelaise.

Le sulfate de cuivre exempt de fer a été payé 45 francs au printemps dernier, par le Syndicat auxerrois. Le prix de la chaux étant presque nul, c'est une dépense de 16 ou 18 fr. au premier traitement, ce qui, pour les trois opérations, fera environ 50 francs par hectare.

On ne doit pas hésiter une minute à appliquer le traitement quand on songe aux ravages considérables que ce champignon fait partout où il passe.

ANTHRACNOSE

L'anthracnose ou *maladie noire*, est très anciennement connue, et, sous le nom de *charbon*, on en trouve la description dans tous les ouvrages qui se sont occupés de viticulture. Cette maladie a pris dans l'Yonne une assez grande extension et, dans la visite des vignobles que nous avons faite cette année, nous avons été appelé à la constater sur bien des points.

Elle se manifeste sur la vigne sous trois formes différentes dues, ainsi qu'il résulte des expériences de MM. G. Foëx et P. Viala, au même parasite, dont elles peuvent représenter les différents états de développement.

Anthracnose maculée. — L'une de ces formes — et la plus grave — l'anthracnose maculée, est caractérisée par des taches noires sur les sarments, affectant des formes irrégulières et pouvant parfois occuper tout l'entre-nœud (*méri-thalle*) (Pl. 1, fig. 1, 3, 6 et 8).

Ces taches, en vieillissant, finissent par constituer de véritables chancres, plus ou moins creux vers leur centre et, si elles sont nombreuses, les sarments, arrêtés dans leur développement, restent courts et sinueux; les nœuds sont rapprochés et rongés ; la vigne prend un aspect maladif, les feuilles sont moins vertes, les raisins sont arrêtés dans leur croissance.

Indépendamment des rameaux, l'anthracnose atteint quelquefois les feuilles qu'elle fait se boursoufler et les jeunes grappes de fleurs qu'elle brûle entièrement.

Les raisins enfin sont parfois envahis par un certain nombre de taches noires qui, le plus souvent, se réunissent et détruisent les grains en partie ou en totalité, diminuant d'autant la quantité et la qualité de la récolte.

Anthracnose ponctuée. — L'anthracnose ponctuée ou grandinée, moins dangereuse que la précédente, se présente sous forme de petits points noirs très nombreux sur les rameaux, où ils forment souvent, en se réunissant, de larges plaques noires (Pl. 1, fig. 2).

Il est rare de trouver cette sorte de charbon sur les feuilles, les fleurs et les fruits ; par contre, d'après M. Viala, on la trouve dans des milieux plus secs que ceux où se plaît l'anthracnose maculée.

Anthracnose déformante. — La troisième forme d'anthracnose, appelée anthracnose déformante, présente sur les nervures des feuilles, de petites taches noires qui en arrêtent le développement; or, comme le parenchyme continue à s'accroître librement, il en résulte un boursouflement, parfois considérable, de la feuille (Pl. 1, fig. 9).

Conditions de développement. — Les pluies fréquentes, les brouillards et les rosées, la chaleur, sont les facteurs principaux du développement du charbon ; plus l'humidité est grande et plus est grande aussi l'extension du mal.

Dans les endroits humides, dans les sols compactes, dans ceux surtout qui retiennent l'eau longtemps, le mal est considérable.

Aussi a-t-on conseillé, pour arrêter son invasion, de drainer ces sortes de terrains, opération qui, paraît-il, a donné de très bons résultats.

Les remèdes proposés contre l'anthracnose sont de deux sortes : les remèdes préventifs et les remèdes curatifs.

Traitements préventifs. — Les traitements préventifs, exécutés au moment où la végétation est encore en repos et peu de temps avant le bourgeonnement, donnent de très bons résultats. Nous l'avons d'ailleurs constaté nous-mêmes, pour une vigne située près de La Brosse, et dont le propriétaire avait bien voulu nous confier le traitement.

Ce traitement consiste à badigeonner les souches avec une solution de sulfate de fer — *vitriol vert* — à 50 %. On se sert pour cela d'un pinceau ou d'un tampon en chiffons fixé au bout d'un manche en bois, ou encore d'un pulvérisateur, qui, d'après les essais faits à l'Ecole de Montpellier, exécute le même travail en cinq fois moins de temps et exige moins de liquide.

Rien ne doit être respecté par ce traitement : la souche, les coursons et les yeux doivent être imprégnés de liquide.

Quatre kilos de sulfate de fer que l'on fait dissoudre à chaud dans 8 litres d'eau, mais qu'on n'emploie qu'une fois la solution refroidie, suffisent pour traiter 1000 souches.

Il paraît certain que l'action du sulfate sur le champignon parasite est due à l'acide sulfurique qu'il contient ; si cela est, il y aurait avantage à employer de l'eau directement acidulée à 1 % avec de l'acide sulfurique ou chlorhydrique.

Traitements curatifs. — Les traitements curatifs appliqués pendant la végétation sont les soufrages répétés ou l'emploi de mélanges de chaux et de soufre ou de plâtre et de sulfate de fer en poudre.

Le soufre n'a d'action qu'au début de la végétation; on doit l'appliquer lorsque les sarments ont de 8 à 10 centimètres et renouveler l'opération à huit jours d'intervalle, à deux reprises différentes.

Quand le mal est déjà fortement développé, on remplace le soufre par de la chaux grasse que l'on répand de la même manière sur les ceps non mouillés et par un beau temps.

Le plus souvent, on fait usage d'un mélange de soufre et de chaux. D'après M. Viala, le procédé de traitement à suivre est le suivant : on donne toujours le premier soufrage quand les rameaux ont de 8 à 10 centimètres ; si on voit apparaître le mal, on répète les opérations de quinzaine en quinzaine en mélangeant avec le soufre des proportions de plus en plus fortes de chaux énergique ; les proportions vont de 1/5 à 3/5.

Une dame très versée dans les questions viticoles, Mme Ponsot, a proposé de traiter l'anthracnose par un mélange de 4/5 de plâtre et de 1/5 de sulfate de fer finement pulvérisé ; mais ce moyen, bien qu'ayant donné quelques résultats, est moins efficace que la chaux hydraulique et les mélanges de chaux et de soufre.

En somme, en combinant l'application des traitements d'hiver, ou traitements préventifs, et des traitements curatifs, on parvient, sinon à arrêter entièrement le mal, du moins à l'enrayer de telle sorte que ses effets sont nuls.

POURRIDIÉ

Le Pourridié est une maladie qui atteint les racines de la vigne et qui est produite par un champignon : le *Dematophora Nécatrix*. Ce n'est autre chose que le *blanc des racines* des arbres fruitiers, et les vignerons le connaissent sous le nom de *pourriture* ou de *champignon*.

Le pourridié existe depuis longtemps dans l'Yonne et, cette année particulièrement, nous avons pu en constater un grand nombre de taches.

Aspect du mal. — Les vignes atteintes ont leurs racines pourries — ce qui fait que la souche se détache au moindre effort —, spongieuses, d'une coloration brune, et lorsqu'on les coupe, elles laissent s'échapper un liquide noirâtre. Ces racines sont recouvertes d'amas de filaments blanchâtres qui, en vieillissant, prennent une teinte brune. Ces filaments pénètrent sous les écorces et dans le bois et s'étendent entre les molécules du sol, finissant ainsi par atteindre les racines des ceps voisins (Pl. 1, fig. 4 et 5).

C'est cette dissémination des filaments à travers le sol qui fait que la maladie se développe à peu près circulairement, par *taches*, ce qui, à l'aspect extérieur de la végétation, peut faire confondre le pourridié avec le phylloxera.

On a remarqué que la première année où la vigne était atteinte, la fructification était très abondante ; plus tard, les feuilles deviennent petites, les sarments courts et rabougris et la souche se forme en tête de chou.

La végétation d'ailleurs s'arrête bientôt complétement ; 15 à 18 mois suffisent pour tuer les ceps (1) et si quelquefois la

---

(1). MM. Foëx et Viala sont parvenus, en se plaçant dans les conditions les plus favorables, à tuer des ceps en six mois.

destruction est plus lente, la récolte n'en est pas moins perdue à partir de la deuxième année.

Conditions favorables. — Le développement du pourridié
a surtout lieu dans les terres argileuses, humides, ou bien
après des pluies abondantes : l'humidité est la condition
essentielle pour sa multiplication.

Cette circonstance étant connue, il est clair que l'un des
moyens d'empêcher l'invasion du mal est d'assainir les sols
humides par un drainage énergique ou des défoncements
profonds ; ce sont du reste les seuls moyens efficaces.

Traitement. — Pour arrêter la marche de l'invasion dans
une vigne déjà atteinte, on a proposé, après avoir déchaussé
les souches, de badigeonner les racines et le collet avec une
solution de sulfate de fer à 50 % et d'arroser le sol autour
du cep avec cette même solution.

On a également préconisé l'emploi du sulfure de potassium
appliqué de la même manière. Ces deux substances n'ont pas
donné de résultats satisfaisants et ne peuvent, dans tous les
cas, être employées qu'au début du mal.

Plus tard, lorsque les filaments ont pénétré sous les écorces
et dans le bois, il ne faut pas songer à lutter contre le cryptogame ; tous les efforts doivent tendre à circonscrire le mal.

Pour cela faire, il faut arracher toutes les souches malades
et quelques-unes de celles qui sont autour de la tache et qui
paraissent saines, extraire avec soin toutes les racines et
brûler ensuite le tout sur place.

On a aussi proposé de creuser autour des taches des tran-
chées assez profondes, afin d'empêcher le cheminement des
filaments dans le sol.

Précautions à prendre. — Il est absolument inutile de
provigner, comme on le fait dans l'Yonne, les surfaces détruites ; les provins sont à leur tour envahis par le champignon et ne peuvent se développer.

Avant de replanter les taches, il est bon de laisser s'écouler trois ou quatre ans, en se contentant, pendant ce temps, de remuer le terrain sans y rien ensemencer; car on a constaté que le pourridié pouvait se développer sur les betteraves, les pommes de terre, etc.

De plus, ce champignon se développant sur un grand nombre d'arbres, tels que les chênes, pins, sapins, hêtres, érables et la plupart des arbres fruitiers, il est prudent de ne jamais planter une vigne aussitôt après un défrichement de bois.

BLACK-ROT

Historique. — Le 7 septembre 1885, MM. P. Viala et L. Ravaz annonçaient à l'Académie des sciences la découverte, en France, d'une maladie de la vigne de puis longtemps connue en Amérique, le Black-Rot ou *Pourriture noire*.

C'est au domaine de Val-Marie, près de Ganges (Hérault), que le mal avait été constaté.

Bien que, depuis cette époque, le Black-Rot ne se soit pas étendu outre mesure, nous croyons devoir nous y arrêter un moment, eu égard aux entraves considérables qu'il apporte à la culture de la vigne en Amérique, entraves qui, un jour, pourraient peut-être atteindre le vignoble français.

Espérons toutefois que, avant que l'invasion soit devenue générale, l'administration qui lutte énergiquement pour la circonscrire, sera parvenue à trouver un remède efficace.

Description de la maladie. — Cette maladie qui est produite par un champignon (*Phoma uvicola*) se développe surtout sur les grains de raisins et, d'après MM. Viala et Ravaz, on ne la trouve qu'exceptionnellement sur les jeunes sarments, le pédoncule, la râfle et les feuilles; jamais on ne l'a observée sur des sarments aoûtés.

7

Ici nous allons céder la place à MM. Viala et Ravaz qui ont fort bien étudié le Black-Rot et qui en ont publié une description complète (1).

« La première action du Black-Rot sur les grains de raisin ne s'est manifestée, disent-ils, que lorsque ces organes étaient déjà très développés; quelque temps seulement avant la véraison. Elle se révèle tout d'abord par une petite tache circulaire, décolorée, mesurant à peine quelques millimètres de diamètre. Cette tache grandit et prend brusquement une teinte rouge, livide, plus foncée au centre et diffusée sur les bords.

« A ce moment, elle est assez comparable à l'effet d'une meurtrissure. On la voit progresser très rapidement en surface et en profondeur, et au bout de vingt-quatre ou quarante-huit heures, toute la baie est altérée. Le grain présente alors une coloration rouge-brun livide.

« Sa surface est lisse et non déformée, mais la pulpe est un peu molle, spongieuse, et moins juteuse qu'à l'état normal. A cet état, on peut grossièrement le comparer aux grains grillés ou échaudés.

« Bientôt après, il commence à se rider en prenant une teinte plus foncée vers le point où l'altération a débuté — à ce moment on voit apparaître à sa surface de petites pustules noires qui se multiplient très rapidement; — puis le grain se flétrit peu à peu et successivement, au bout de trois ou quatre jours, il est complétement desséché et d'un noir très foncé, avec reflets bleuâtres. La peau et la pulpe ridées et amincies, sont appliquées contre les pépins, sans présenter à leur surface ni excoriation ni lésion (Pl. 1, fig. 7).

« Le Black-Rot ne se montre jamais simultanément sur toutes les grappes d'une souche, plus rarement encore il

(1) Mémoire sur une nouvelle maladie de la vigne : le Black-Rot par Pierre Viala et L. Ravaz. — Montpellier, bibliothèque du Progrès agricole et viticole, 1886.

attaque en même temps les grains d'une même grappe. Généralement, il apparaît isolément sur un ou plusieurs grains, et
envahit ensuite les autres d'une façon irrégulière. »

Comme toutes les maladies cryptogamiques, le Black-Rot
demande pour se développer des conditions particulières de
chaleur et d'humidité réunies.

D'après les auteurs que nous venons de citer, cette maladie n'envahit pas brusquement toute une région, comme le
fait par exemple le mildew, mais se développe, au contraire,
avec une certaine lenteur et à une époque relativement tardive.

AUBERNAGE

La maladie désignée sous le nom d'*aubernage* n'est pas
parfaitement connue dans ses causes; on se borne aujour-
d'hui à en constater les effets désastreux. Elle est analogue
à une autre maladie fort répandue dans les Charentes : le
cottis.

Dans l'Yonne, l'aubernage est connu depuis fort longtemps,
il n'y a guère cependant que quelques années qu'il exerce
des ravages considérables.

Les vignobles du nord du département et particulièrement
ceux des communes de Chaumont, Champigny, Villeblevin,
ont été fort éprouvés. Là, on appelle cette maladie *le ver*.

Dans certains pays du Tonnerrois, on la confond souvent
avec l'anthracnose.

Aux environs de Vermenton, à Accolay, et dans l'Avallon-
nais, les vignes en souffrent aussi. Nous indiquons les points
les plus atteints, mais il est certain que cette maladie est
répandue partout, désignée sous des noms différents.

C'est surtout dans les vignes de Gamay qu'on la constate,

aussi l'appelle-t-on dans quelques localités : *maladie du Gamay*.

Contrairement à certaines opinions, une vigne atteinte de l'aubernage ne peut pas être confondue par ses caractères extérieurs avec une vigne phylloxérée.

Le phylloxera forme une tache d'un aspect particulier, décrite précédemment, tandis que la tache d'une vigne atteinte de l'aubernage ne forme pas dépression au centre. D'autre part, on trouve des ceps malades isolés des autres.

Les feuilles d'une vigne attaquée se développent mal ; elles poussent en *feuilles de persil*. Les sarments sont tachetés de brun et présentent alors quelque analogie avec ceux qui sont atteints par l'oïdium.

L'influence de la maladie se fait le mieux sentir sur la racine qui présente sur toute sa longueur une rainure triangulaire.

Quelques personnes ont cru voir des insectes, des vers, creuser cette sorte de galerie, d'où le nom de *ver* donné à la maladie dans quelques pays. Nous n'avons, quant à nous, jamais rien vu de pareil qui puisse nous porter à croire que c'est là la cause du mal.

Sur les végétaux en décomposition, on observe presque toujours des insectes de différentes natures, mais rien n'indique que les ravages occasionnés sont de leur fait.

La première année de la maladie, ce sont les caractères des feuilles et des sarments qui apparaissent. Ce n'est que la seconde année que la rainure de la racine est parfaitement visible ; elle est entourée de poussières brunes qui proviennent fort probablement de la décomposition des tissus. A la troisième année, la vigne meurt.

Les savants ont longuement discuté sur les causes du mal. Suivant les uns, il aurait pour origine un champignon analogue au charbon ; suivant d'autres, il ne serait que l'effet produit par certaines maladies, comme l'anthracnose, qui amèneraient la mort de la vigne par l'épuisement et le non-fonctionnement des organes.

Nous ne nous livrerons pas ici à une discussion à ce sujet.

Constatons seulement qu'à la suite des années humides, la maladie fait des ravages considérables dans notre département. Des vignobles sont gravement atteints, quelques-uns détruits.

C'est cette terrible maladie que nous devons essayer de combattre ou tout au moins d'enrayer dans sa marche.

Malheureusement, jusqu'à ce jour, on n'a encore découvert aucun procédé efficace.

MALADIES DIVERSES

CHLOROSE

La Chlorose, ou *Jaunisse*, est caractérisée par une coloration jaune des feuilles ; elle est commune dans l'Yonne, où, cette année particulièrement, elle a pris une très grande intensité.

Cette maladie peut se montrer à deux époques différentes, au printemps et en été.

Causes de la maladie. — D'après M. G. Foëx, directeur de l'École nationale d'agriculture de Montpellier, la chlorose du printemps serait due à l'insuffisance de la température du sol dans cette saison, insuffisance qui proviendrait d'un excès d'humidité.

Celle d'été serait le fait d'une sécheresse excessive résultant d'un manque d'équilibre entre l'absorption et la transpiration de la vigne.

Son action. — La chlorose est rarement dangereuse pour la vigne et, le plus souvent, lorsque les chaleurs arrivent, on voit les vignes chlorosées reprendre une belle teinte verte.

Cependant elle peut quelquefois acquérir un degré d'intensité tel que la fructification en est diminuée et que le dépérissement des ceps survient bientôt. Il est bon par conséquent de tenter d'y porter remède.

Traitement. — « Les drainages et les amendements divi- « seurs qui favorisent l'échauffement du sol, l'emploi des « engrais promptement assimilables qui permettent à la « plante de réparer rapidement l'épuisement de ses tissus,

« sont, dit M. Foëx, les meilleurs moyens de combattre la
« chlorose (1). »

On a souvent proposé les arrosages au sulfate de fer pour
redonner aux vignes leur belle coloration verte, mais les
résultats qu'on en a jusqu'ici obtenus sont, en général, très
peu satisfaisants.

_____

APOPLEXIE

Description du mal. — Au moment où la vigne est en
pleine végétation, en juillet ou en août, on voit parfois des
souches ou seulement des parties de souches dont les feuilles,
les fruits et les sarments se fanent et se dessèchent brusquement : c'est ce que l'on appelle l'Apoplexie ou *Folletage*.

Le mal n'est heureusement pas épidémique et ne sévit que
çà et là sur des ceps isolés et principalement dans les sols
riches et profonds, frais et peu perméables. Les souches
atteintes ne meurent pas immédiatement, mais elles perdent
leur fertilité et le mieux est de les arracher, quand bien même
elles ne seraient que partiellement desséchées.

La maladie envahit le cep du haut en bas et, après avoir
détruit les sarments, passe au tronc et aux racines en leur
communiquant une teinte rougeâtre.

Ses causes. — A quoi est due l'apoplexie? M. St-André,
ancien chef des travaux chimiques à l'Ecole d'Agriculture de
Montpellier, prétend que le folletage est produit par une
rupture dans l'équilibre de la végétation : toutes les fois que
la vigne, par la transpiration, évapore plus d'eau qu'elle n'en
reçoit par les racines, il y a apoplexie. Et cet arrêt dans la végétation se produirait par suite de changements brusques dans la
température et dans l'état hygrométrique de l'atmosphère.

(1) G. Foëx. — Cours complet de viticulture. — Coulet, éditeur. —
Montpellier.

ACCIDENTS

LES GELÉES

Dans le vignoble de l'Yonne, il est bien rare qu'une année se passe sans que les vignes de quelques communes n'aient à souffrir de la gelée. Les dégâts occasionnés sont plus ou moins considérables, mais comme on est généralement plus enclin, dans nos campagnes, à exagérer les faits de cette nature qu'à les atténuer, il en résulte que, chaque année, pendant deux mois environ, les vignerons sont en éveil et s'en vont, dès l'aube, examiner si la nuit n'a pas été funeste à leurs vignes.

Dans les pays chauds, d'où la vigne est originaire, et dans le midi de la France, cet accident ne se produit que d'une façon très irrégulière, à des intervalles éloignés. Il n'y a que les vignobles du Centre et de la région nord de la France qui aient à en souffrir.

Il y a deux sortes de gelées : la *gelée à glace* et la *gelée de printemps* ou *gelée blanche*.

La première ne produit de grands dégâts que lorsque la température arrive à 18° ou 20° et se maintient pendant quelques jours. Rien de pratique n'est connu pour s'en préserver.

C'est surtout de la gelée blanche que nous voulons parler.

Lorsqu'après une belle journée le ciel est clair, une partie de la chaleur emmagasinée par les plantes et aussi par le sol les abandonne. C'est le phénomène du rayonnement auquel sont soumis tous les corps à un degré plus ou moins élevé. D'un autre côté, l'air atmosphérique contient toujours de l'eau sous forme de vapeurs, et à un moment donné, ces dernières se trouvant en contact avec la terre et les plantes refroidies, passent à l'état liquide, se *condensent*.

Cette condensation donne des résultats différents selon la température, qui, elle-même, est influencée par le rayonnement. Si le rayonnement n'est pas trop puissant, les vapeurs restent à l'état liquide et constituent la rosée que l'on trouve le matin sur les plantes. Au contraire, quand la température de la journée a été très élevée et que le ciel n'est pas couvert, le rayonnement est si considérable que les vapeurs liquéfiées, au lieu de rester à l'état de rosée, se transforment en glace.

Le matin, si le soleil envoie des rayons un peu chauds, le dégel se fait trop brusquement et c'est à ce moment surtout que sont occasionnés les plus grands ravages. Au bout de deux heures, les rameaux deviennent noirs, se fanent ; on dit alors qu'ils sont *cuits* ou *grillés* et rien n'est à faire pour essayer de les guérir.

Les pinots sont plus sujets à l'influence des gelées que les gamays, et cela parce qu'ils *débourrent* plus tôt et que leur résistance aux intempéries est moindre.

L'emplacement a aussi une grande influence : les vignes gèlent très rarement sur les coteaux élevés, il n'y a guère que celles de la plaine qui aient à souffrir.

Quant à l'exposition, on a remarqué dans certains pays que les gelées n'atteignaient pas les vignes situées au nord et à l'ouest ; mais comme ailleurs les observations donnent un résultat opposé, il est fort probable que l'influence doit être attribuée aux vents dominants de la région.

Préservation. — Les vieux praticiens, rompus au métier, savent bien discerner, généralement, si la gelée blanche va se produire. Mais tout le monde n'a pas cette faculté d'intuition. Il existe cependant un moyen fort simple de s'en rendre compte.

Aujourd'hui, on trouve dans presque toutes les communes un petit observatoire météorologique. Nous nous servirons du plus simple des instruments : le thermomètre.

On enveloppe la boule de mercure ou d'alcool d'un linge mouillé. Le degré indiqué par ce thermomètre, appelé *thermomètre mouillé*, est généralement inférieur de cinq ou six divisions à celui indiqué par le thermomètre ordinaire.

Quand la différence diminue considérablement ou devient nulle, il est fort probable que la nuit suivante il se produira de la gelée blanche. C'est là une indication très précieuse pour ceux qui veulent essayer un des procédés que nous faisons connaître plus loin.

On cherche depuis longtemps un moyen de se préserver de ces accidents si funestes dans notre région. A notre avis, la taille seule peut avoir une influence certaine.

Il est tout naturel, en effet, que plus on taille tardivement, plus la vigne est longue à débourrer.

Ajoutons que d'autres raisons nous empêchent d'insister sur ce point, car tout le monde connaît les mauvais effets d'une taille effectuée lorsque la vigne *pleure*.

Le docteur Jules Guyot avait imaginé un paillasson préservateur des gelées printanières. On le plaçait au-dessus de la vigne qui se trouvait ainsi couverte et parfaitement à l'abri. L'idée est excellente et nous connaissons beaucoup de personnes, notamment M. Parigot, de Sens, qui ont rendu le procédé tout à fait économique.

Pour empêcher le rayonnement, on a songé à produire des nuages artificiels en allumant le matin, quelques heures avant le lever du soleil, des feux destinés à produire une épaisse fumée.

On employait pour cela des herbes humides, de la paille sur laquelle on jetait des huiles de mauvaise qualité ou provenant du gaz.

En théorie, la chose est des plus faciles, mais si on entre dans le domaine de la pratique, il n'en est malheureusement plus de même : le moindre vent chasse le nuage au-dessus de la vigne du voisin.

Fig. 28.

On emploie aussi des abris en forme de × placés sur chaque cep (fig. 28). Nous avons eu occasion de les voir à l'Ecole de viticulture de Beaune, et leur inventeur, M. Gros, chef de culture, en est, paraît-il, très satisfait.

Au dernier concours du Comice agricole et viticole de l'arrondissement d'Auxerre, à Vermenton, un jardinier de Cravant avait exposé un système d'abris à peu près analogue dont le prix de revient était très minime.

On a l'habitude, dans l'Yonne, de laisser des sarments de protection qui sont destinés à remplacer ceux que la gelée pourrait détruire. C'est là une excellente coutume qui, malheureusement, ne peut pas sauver les vignes de pinots, car les rameaux de la base ne sont généralement pas fructifères.

Enfin, un bon labour destiné à ramener la terre contre le cep produit aussi de bons résultats.

A notre avis, tout reste encore à faire pour protéger nos vignes de la gelée d'une façon efficace et économique.

———

COULURE

La coulure est un des grands fléaux de la viticulture : l'année 1886 en est pour nous une bien triste preuve.

On entend par coulure l'avortement des fleurs ou la chute des fruits qui ne peuvent nouer.

Trois causes principales peuvent amener la coulure :

1º Une constitution anormale des organes floraux ;

2º Une végétation trop vigoureuse ou trop chétive ;

3º Les intempéries.

1er cas. — Tout le monde sait que la fleur de la vigne ne s'ouvre pas de la même manière que les fleurs des autres végétaux ; la corolle, au lieu de s'ouvrir par le haut, se détache du bas et forme sur la fleur une sorte de capuchon à cinq divisions qui protège la fécondation et tombe après que le fruit est noué.

Quelquefois cependant, par suite d'un vice de conformation, la corolle étale ses pétales à la manière de toutes les autres fleurs ; il y a alors coulure. C'est là ce que l'on a appelé la coulure *chronique*, contre laquelle il est peu de remèdes. On peut toutefois essayer de s'en débarrasser en éliminant soigneusement des plantations nouvelles les boutures provenant des ceps *coulards*, ou encore, en greffant ces ceps avec des sarments provenant de ceps fertiles.

2me cas. — Une végétation trop vigoureuse entraîne la coulure ; *les feuilles mangent le fruit*, suivant la pittoresque expression des praticiens. La vigne, en effet, produit dans ce cas, des sarments et des feuilles plutôt que des fleurs, et encore, celles qui apparaissent avortent-elles le plus souvent.

Si, au contraire, la végétation est chétive, le fruit ne peut trouver les matières nécessaires à son alimentation, se dessèche et tombe. Il faut, en pareille occurrence, relever la vigueur des ceps par une culture bien comprise accompagnée d'engrais appropriés. Dans le cas d'une exubérance de végétation, on applique les moyens qui seront décrits plus bas.

3me cas. — Les pluies persistantes, les vents violents et desséchants, les retours de froid au moment de la floraison, font le plus souvent couler la vigne et, dans ces différents cas, le mal, au lieu d'être local, s'étend sur de grandes surfaces. Ce sont là, d'ailleurs, les causes les plus communes et les plus dangereuses de la coulure.

Moyens de prévenir la coulure. — On parvient à parer aux inconvénients des intempéries en concentrant sur l'appareil floral les éléments nutritifs de la plante au moyen des opérations suivantes :

1° Le pincement des rameaux fructifères ;
2° La suppression des vrilles ;
3° L'écimage des grappes ;
4° L'incision annulaire du sarment.

D'après M. Marès, on parvient également à empêcher la coulure en soufrant la vigne quelque temps avant l'épanouissement des fleurs.

Pincement. — Le pincement doit être fait pendant que les rameaux sont dans toute leur force végétative, c'est-à-dire dans le département de l'Yonne, vers la fin de mai.

« Environ 15 jours avant la floraison, dit M. Baltet, on « rogne le scion herbacé à 0m40 ou 0m50 au dessus de la « grappe supérieure et on continue à pincer les rameaux « porte-fruits à mesure que leur élongation le permet, si « toutefois ils sont assez forts pour supporter cette opération « sans en souffrir. »

Suppression des vrilles. — Écimage. — La suppression des vrilles favorise le développement du raisin et diminue l'intensité de la coulure. Il faut la pratiquer dès le début de la floraison, soit avec des ciseaux, soit avec les doigts. On opère aussi avec des ciseaux pour supprimer l'extrémité de la grappe au moment où elle est entièrement épanouie.

Incision annulaire. — De nombreuses expériences ont prouvé l'efficacité de l'incision annulaire contre la coulure et, non-seulement, par son emploi on empêche les fleurs de couler, mais encore on hâte la maturité, avantage qui, sous notre climat, n'est pas à dédaigner.

Il suffit, pour pratiquer l'incision, d'enlever une petite
lanière d'écorce — de 2 à 5 millimètres de largeur suivant
la force du bois — au-dessous de la grappe et tout autour du
sarment ; ou, plus simplement, de couper au même point
l'épiderme par un simple trait.

L'incision peut être pratiquée à tout moment de la végétation, mais il importe, pour que son action soit efficace, que
le cran circulaire soit immédiatement au-dessous de la grappe
et occupe toute la périphérie du sarment. On se sert pour
exécuter cette opération de pinces spéciales qui permettent
d'aller vite en besogne ; une femme peut faire de 600 à 800
incisions par jour et la dépense n'est guère que de 10 francs
par hectare.

GRÊLE

S'il est une intempérie qui soit redoutée par le vigneron,
c'est assurément la grêle et cela surtout, à cause des prompts
ravages qu'elle fait et de l'impossibilité dans laquelle on est
de se défendre.

Action de la grêle. — Là où, quelques heures auparavant,
la vigne se présentait pleine d'espérances, on ne voit souvent
plus que des ceps dénudés. Ce n'est pas à dire que chaque
orage de grêle détruise en entier les vignobles sur lesquels
il s'abat ; il est des circonstances qui diminuent l'intensité du
mal : lorsque la pluie accompagne les grêlons, les dégâts sont
bien moins considérables que lorsque la grêle tombe seule,
sèche, comme disent les praticiens.

La grêle atteignant les vignes au début de la végétation,
alors que les rameaux sont encore tendres, détermine sur
ces derniers de profondes meurtrissures qui en empêchent
ou tout au moins en ralentissent le développement ; souvent
même ces jeunes rameaux sont détachés de la souche.

On comprend combien est grave un tel fléau : la vigne, on le sait, porte son fruit sur le bois de l'année, qui lui-même est sorti du bois de l'année précédente. Or, si le jeune bois est détruit, non seulement la récolte est perdue, mais encore on se trouve dans l'impossibilité d'établir la taille suivante.

Taille en vert. — Le mieux, pour parer au moins au dernier inconvénient qui est capital — car de lui dépend le succès de la récolte de l'année d'après — est de tailler en vert, *immédiatement* après l'orage, comme si on exécutait une taille d'hiver.

Les bourgeons qui ne seraient sortis qu'au printemps suivant, partent aussitôt, et donnent des sarments presque aussi longs que ceux que l'on aurait obtenus sans la venue de la grêle. Dans le Midi, on obtient même quelquefois une petite récolte.

Grêle tardive. — Lorsque la grêle n'atteint les vignobles que quand la saison est déjà avancée, ses effets sont moindres; les sarments se désorganisent moins facilement et les raisins persistent en partie. Mais le plus souvent ces raisins mûrissent incomplétement et donnent un vin âpre, sec, ayant un mauvais goût particulier.

Il est impossible dans ce cas d'avoir recours à une seconde taille ; le mieux est d'essayer d'activer la végétation de la vigne en apportant un soin particulier à sa culture et en donnant des labours et des soufrages supplémentaires.

Pour parer aux conséquences souvent terribles de la grêle, le mieux serait de prendre une assurance; malheureusement le taux de ces assurances est si élevé que, jusqu'ici, les propriétaires les plus exposés ont seuls profité de ce moyen.

On a enfin proposé pour éviter les atteintes du fléau, des *paragrêles* que l'on placerait de distance en distance dans la vigne ; nous ne décrirons pas ces appareils dont on ne peut espérer aucun résultat sérieux.

TABLE DES MATIÈRES

Les dessins qui forment la planche I sont extraits de l'ouvrage de P. Viala : *Les Maladies de la Vigne*, et du mémoire de P. Viala et L. Ravaz sur le Black-Rot. — Coulet, éditeur, Montpéllier.

Auxerre. — Imprimerie Albert GALLOT, rue de Paris, 47.

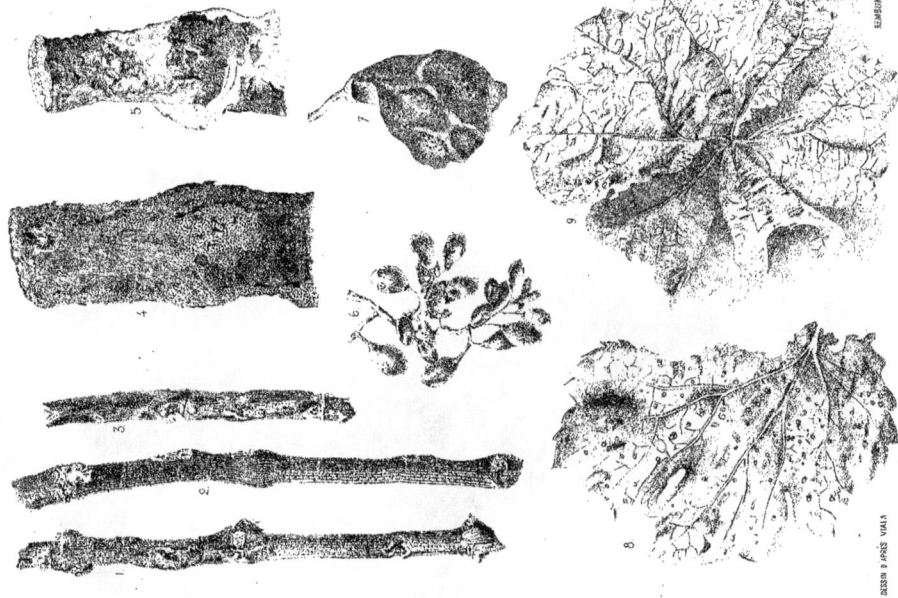

DESSIN D'APRÈS VIALA

SEMBOUR, LAREVE - DEL.

A. GALLOT, IMP. AUXERRE

1. 2. 3. 6. 8. 9. Sarments, Grappe et Feuilles atteintes d'Anthracnose
4. 5. Racines atteintes du Pourridié – 7 Black- Rot.

1.

Rameau soumis
à l'incision annulaire

2

Soufflet à Soufrer

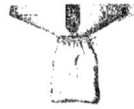

3.

Entonnoir en fer blanc

4.

Feuille de Vigne
roulée
par l'Urbec

9.

Otiorhynque

Papillon de la Pyrale

5.

Larve de la
Pyrale

6.

10.

Aluse

Papillon
de la Cochylis

7.

Urbec

8.

11.

Gribouri

DESSIN D'APRÈS FOEX

REDRUIN, LA PRINT - DEL

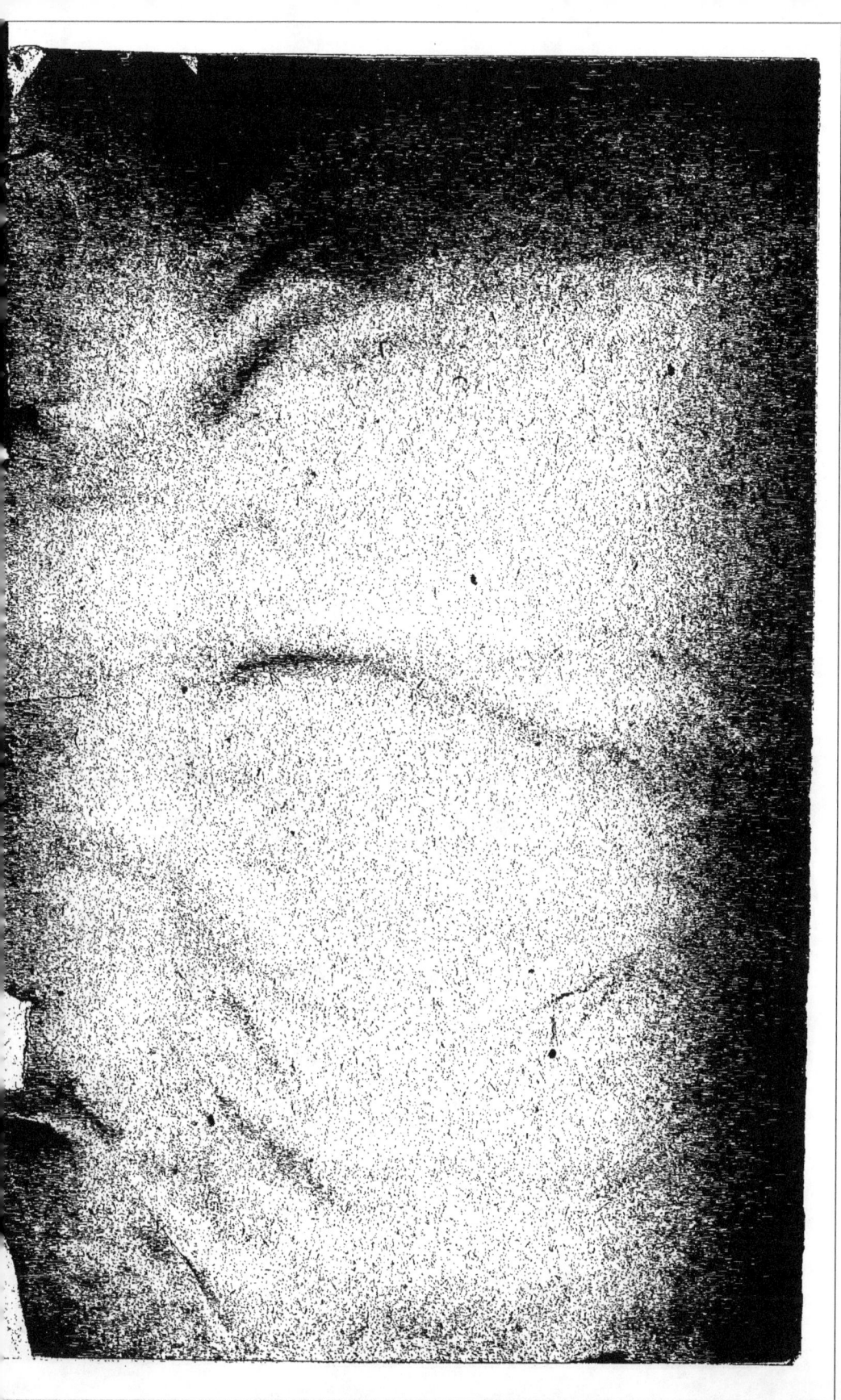

DIRIGÉ PAR L. DEGRULLY

**Professeur à l'École nationale d'Agriculture
de Montpellier**

Journal traitant particulièrement des questions
se rattachant au Phylloxera, au traitement par le
sulfure de carbone, à la culture des plants américains, à la défense contre les parasites.

PARAIT TOUS LES DIMANCHES

EN UN FASCICULE DE 16 A 24 PAGES

PRIX DE L'ABONNEMENT

France : Un an, **8** fr. — Recouvré à domicile, **8 fr. 50**

*Adresser les demandes d'abonnement
aux bureaux du Journal*

Rue d'Anse, 38, — Villefranche-sur-Saône

(Rhône).

Auxerre. — Imp. et Lith. Albert Gallot

www.ingramcontent.com/pod-product-compliance
Lightning Source LLC
Chambersburg PA
CBHW071152200326
41519CB00018B/5198